CATALOGUE

DE LA

BIBLIOTHÈQUE

DE

M. HENRY HOUSSAYE

MEMBRE DE L'ACADÉMIE FRANÇAISE
VICE-PRÉSIDENT DE LA SOCIÉTÉ DES AMIS DES LIVRES

DEUXIÈME PARTIE

BONS LIVRES ANCIENS ET MODERNES
particulièrement
sur la Littérature et l'Histoire

OUVRAGES SUR LES BEAUX-ARTS
ET L'ARCHÉOLOGIE

PARIS
LIBRAIRIE DAMASCÈNE MORGAND
ÉDOUARD RAHIR, SUCCESSEUR
LIBRAIRE DE LA SOCIÉTÉ DES BIBLIOPHILES FRANÇOIS
Passage des Panoramas, 55.
1912.

LA VENTE AURA LIEU

Le Mercredi 1er Mai 1912

A DEUX HEURES PRÉCISES

HOTEL DES COMMISSAIRES-PRISEURS

RUE DROUOT, 9

SALLE N° 7 AU PREMIER

Par le ministère de Me André DESVOUGES, commissaire-priseur,

Successeur de Me Maurice DELESTRE,

RUE DE LA GRANGE-BATELIÈRE, 26

Assisté de M. Ed. RAHIR, libraire,

PASSAGE DES PANORAMAS, 55.

CONDITIONS DE LA VENTE

La vente se fera au comptant.

Les acquéreurs paieront 10 p. 100 en sus du prix d'adjudication.

Les livres devront être collationnés dans les vingt-quatre heures de l'adjudication. Passé ce délai, ils ne seront repris pour aucune cause.

M. RAHIR remplira les commissions des personnes qui ne pourraient assister à la vente.

BIBLIOTHÈQUE

DE

M. HENRY HOUSSAYE

2e PARTIE

THÉOLOGIE. — JURISPRUDENCE PHILOSOPHIE.

578. Religion catholique. *Paris*, *La Haye*, etc., 1682-1910, 20 vol. in-4, in-18 et in-12, mar., demi-rel., cart. et *brochés*.

Bossuet. Elévations, Méditations. — Bourdalone. La Passion. — Bloy. Celle qui pleure. — Chateaubriand. Génie du Christianisme, 2 vol. — Dujardin. La Source du Fleuve chrétien. — Frémont. Lettres sur quelques points de l'Ecriture Sainte. — Larmandie. Le Chemin de la Croix. — La Vallière. Réflexions sur la Miséricorde de Dieu. — Le Blant. Les Actes des Martyrs. — Montaigne chrétien. — Peladan. Terre du Christ. — Livres de prières, etc.

579. Religion catholique. *Paris*, *Bruxelles*, etc., 1819-1902, 12 vol. in-8 et in-18, demi-rel., cart. et *brochés*.

J. de Maistre. Du Pape. Édition originale ; Soirées de St-Pétersbourg, 2 vol. — Caro. L'Idée de Dieu. — M. de Montifaud. Les Vestales de l'Eglise. — Poizat. Les Poètes chrétiens. — Thureau-Dangin. St-Bernardin de Sienne. — Veuillot. La Vie de Jésus-Christ. — Voragine. La Légende dorée, etc.

580. Religions des Anciens. *Paris*, 1784-1904, 15 vol. in-8 et in-12, demi-rel., cart. et *brochés*.

Bertrand. Essai sur les Dieux protecteurs dans l'Iliade. — Bréal. Hercule et Cacus. — Cox. Les Dieux et les Héros. — Clavier. Mémoire sur les Oracles des Anciens. — Decharme. Critique des traditions religieuses chez les Grecs. — Lefèvre. Religions et Mythologies comparées. — Maury. Croyances et Légendes de l'Antiquité. — de Grave. République des Champs-Elysées, 3 vol., etc.

581. Histoire de la Mythologie. *Stuttgart et Paris*, 1823-1894, 9 vol. in-8 et in-18, veau, demi-rel. et *brochés*.

Decharme. Mythologie de la Grèce antique. — Jacobi. Mythologie mythique. — Müller. Mythologie comparée. — Noël. Dictionnaire de la Fable, 2 vol. — Wollmer. Mythologie, fig., etc.

582. Religions diverses. *Hollande et Paris*, 1649-1881, 9 vol. in-12 et in-18, vélin, veau et *brochés*.

Mahomet. L'Alcoran. — Dictionnaire des Hérésies, 2 vol. — Dictionnaire des Incrédules. — Aubé. Histoire des Persécutions de l'Eglise. — Emile-Soldi. La Langue sacrée. — Van der Velde. Guerres de religion en Allemagne. — Trumelet. Les Saints de l'Islam, etc.

---

583. Ouvrages divers sur la Justice. *Paris*, 1797-1903, 8 vol. in-4 et in-8, demi-rel. et cart.

Beccaria. Traité des Délits et des Peines. — Consultation pour une jeune fille (M. F. Victorine Salmon) condamnée à être brûlée vive (en 1782). — M. de Fleury. L'Ame du criminel. — Fr. Funck-Brentano. Les Lettres de Cachet à Paris. — M. de Montifaud. Racine et la Voisin. — Ch. Nodier. Questions de Littérature légale. — Paillet. Plaidoyers et Discours, publiés par J. Le Berquier, 2 vol.

Lettre autographe et deux envois d'auteurs.

584. Ouvrages divers sur la Justice. *Paris*, 1866-1903, 10 vol. in-8 et in-12, *brochés*.

Barboux. Discours et Plaidoyers, 2 vol. — G. Claretie. Derues l'Empoisonneur. — Desmaze. Supplices, Prisons et Grâce en France ; Curiosités des anciennes Justices. — G. Ducoudray. Les Origines du Parlement de Paris. — J. Guyot. La Révision du Procès Dreyfus. — A. Dreyfus. Lettres d'un Innocent. — J. Reinach. Raphaël Lévy. — E. Rousse. Avocats et Magistrats.

Quelques ouvrages avec envois d'auteurs.

---

585. Œuvres de Platon (traduction de Grou, Chauvet et Saisset). *Paris, Charpentier*, 1861-1867, 10 vol. in-18, demi-rel. veau fauve, dos orné à la grotesque, *non rognés*.

On y joint : Extrait de Platon (par l'abbé J. de Beaufort), 1698. — Essai historique sur Platon, par Combes-Dounous, 1809, 2 vol. — Le Banquet de Platon, 1868 (tiré à 100 ex.). Ens. 14 vol.

586. Philosophes grecs. *Paris*, etc., 1781-1892, 25 vol. in-8 et in-12, cart. et *brochés*.

Aristote. Politica, 2 vol. — Aristote. Morale et Politique, 2 vol. — Diogène Laerce. Vies des Philosophes, 2 vol. — Maxime de Tyr. Dissertations, 2 vol. — Platon. Opera, 12 vol. — Théon de Smyrne. Eunape, Phocion, etc.

587. Philosophes et Savants romains. *Amsterdam, Leyde et Paris*, 1633-1842, 14 vol. in-8 et in-12, mar., vélin et demi-rel.

Cicéron. Rhetoricorum et de Inventione. — Frontin. Les Stratagèmes. — Macrobe. Œuvres. — Pline second. Naturalis Historiæ, 5 part. en 3 vol. — Sénèque le philosophe. Opera et traduction de Nisard, 2 vol. — Sénèque le rhéteur. Controverses, 2 vol. — Aulu-Gelle. Nuits Attiques, 3 vol.

588. Philosophes et Moralistes. *Paris*, etc., 1707-1880, 14 vol. in-8 et in-12, veau, demi-rel. et cart.

Fr. Bacon. Œuvres. — Dépret. Essais choisis de Ch. Lamb. — Philosophie morale de Descartes. — Fénelon. Abrégé de la Vie des plus illustres philosophes. — Hubert Hayer. Spiritualité et Immortalité de l'Ame, 3 vol. — Joubert. Pensées, 2 vol. — Herder. Idées sur la Philosophie de l'histoire de l'humanité, 3 vol. — A. Rabbe. Œuvres posthumes, 2 vol.

589. Philosophes et Moralistes. *Paris*, 1867-1906, 18 vol. in-8 et in-12, demi-rel., cart. et *brochés*.

Alaux. Théorie de l'Ame humaine. — Bréal. Essai de Sémantique. — Chaignet. Pythagore. — Des Essarts. Les Voyages de l'Esprit. — M. de Fleury. Médecine de l'Esprit. — R. de Gourmont. Promenades philosophiques. — Hennequin. Critique scientifique. — Jourdain. Notions de philosophie. — Nourrisson. Pensée humaine. — J. Peladan. Traité des Antinomies. — Pillon. Année philosophique, etc.

Quelques envois d'auteurs.

590. Moralistes français. *Amsterdam et Paris*, 1662-1894, 11 vol. in-12, vélin, demi-rel. et cart.

Charron. La Sagesse. — La Bruyère. Caractères, 2 vol. — Montaigne. Essais, 3 vol. — Montesquieu. Œuvres complètes, 3 vol. — Pascal. Pensées. — Pensées d'un emballeur.

SCIENCES.

591. Ouvrages sur la Médecine, la Chirurgie, etc. *Paris*, 1703-1910, 9 vol. in-4, in-8 et in-12, fig., demi-rel. et *brochés*.

Dr Doyen. Le Cancer; Traité de Thérapeutique chirurgicale, 2 vol. — Dr Tamin-Despalles. Alimentation du Cerveau et des Nerfs. — Fr. Sarcey. Gare à vos yeux. — Dr Landouzy. Le Toucher des Ecrouelles. — Cunisset-Carnot. La Vie à la Campagne, . vol., etc.

La plupart avec envois autographes. Lettre ajoutée.

Curieux envois du Dr Tamin-Despalles et de Fr. Sarcey.

592. I Manoscritti di Leonardo de Vinci. Codice sul volo degli uccelli e varie altre materie. Pubblicato da Teodoro Sabachnikoff. Trascrizioni e note di Giovanni Piumati. Traduzione in lingua francese di C. Ravaisson-Mollien. *Parigi, Ed. Rouveyre*, 1893, pet. in-fol., fig., cart. en vélin blanc.

Avec fac-similés et 45 planches.

593. Ouvrages sur l'Astronomie et les Sciences. *Paris*, 1830-1897, 10 vol. in-8 et in-18, cart. et *brochés*.

Cuvier. Discours sur les Révolutions de la surface du Globe. — C. Flammarion. L'Atmosphère, Lumen, Stella, les Terres du Ciel, 4 vol. — A. Guillemin. Les Mondes. — J. Reynaud. Terre et Ciel. — Ramée. Histoire des Inventions, Découvertes et Institutions humaines, etc.

Quelques ouvrages avec envois d'auteurs et lettres ajoutées.

BEAUX-ARTS.

594. Bibliothèque de l'Enseignement des Beaux-Arts. *Paris, Quantin, s. d.*, 28 vol. in-8, fig., cart. toile, fers spéciaux. (*Rel. de l'éditeur.*)

La Peinture, la Musique, les Manuscrits, le Livre, la Gravure, la Tapisserie, le Meuble, les Armes, la Verrerie, la Mosaïque, Monnaies et Médailles, l'Art Byzantin, l'Art Japonais, etc., etc.

595. Grammaire des Arts du Dessin. Architecture, Sculpture, Peinture. Par Charles Blanc. *Paris. Renouard*, 1867, gr. in-8, fig., demi-rel. mar. brun, tête dor., *non rogné*.

ÉDITION ORIGINALE. Lettre de l'auteur ajoutée.

596. Winkelmann. Histoire de l'art de l'Antiquité. Leipzig, 1781, 3 vol. in-4, fig., basane.

On y joint : Millin. Dictionnaire des Beaux-Arts, 3 vol., et un recueil de pièces en un volume in-8 avec pl., sur la Roche Tarpéienne, la Statue de Louis XIV à Lyon, les Fouilles faites autour de la Maison Carrée, etc.

597. Histoire des Beaux-Arts. *Paris*, 1847-1907, 20 vol. in-8 et in-18, demi-rel., cart. et *brochés*.

Burger. Trésors d'Art de la Grande-Bretagne. — Chassang. Le Spiritualisme chez les Grecs. — Chesneau. Les Nations rivales dans l'Art. — Clarac. Histoire de l'Art chez les Anciens, 3 vol. — Darwin. L'Expression des Emotions. — Garnier. A travers les Arts. — Gaultier. Le Sens de l'Art. — Guillaume. Etudes d'Art antique. — Huysmans. L'Art moderne. — de La Prade. Questions d'art et de morale. — de La Sizeranne. Questions esthétiques. — Lévêque. La Science du Beau. — Peyre. Chronologie de l'histoire des Beaux-Arts. — Taine. De l'Idéal et de la Philosophie de l'Art, 4 vol.
Quelques envois d'auteurs.

598. Ouvrages sur les Beaux-Arts par Th. Gautier. *Paris*, 1847, 5 vol. in-24 et in-18, demi-rel. et cart.

Salon de 1847. — L'Art moderne. — Les Beaux-Arts en Europe, 2 vol. — Abécédaire du Salon de 1861.

599. Etudes sur l'Art grec. *Paris*, etc., 1836-1901, 10 vol. in-4 et in-8, demi-rel., cart. et *brochés*.

Bazin. Condition des Artistes dans l'Antiquité grecque. — Beulé. Histoire de l'Art grec. — Cherbuliez. A propos d'un cheval. — Des Essarts. L'Hercule grec. — Quatremère de Quincy. Enlèvement des ouvrages de l'Art antique. — G. Radet. Ecole Française d'Athènes. — R. Rochette. Peinture et Histoire grecques, etc.

600. Ouvrages sur les Artistes. *Dresde et Paris*, 1827-1897, 12 vol. in-8 et in-18, demi-rel., cart. et *brochés*.

Burty. Maîtres et Petits-Maîtres. — Chesneau. Peintres et Statuaires romantiques. — Clément. Artistes anciens et modernes. — Dognée. Les Arts Industriels à l'Exposition de 1867. — Du Seigneur. L'Art et les Artistes aux Salons de 1880 et de 1882, 2 vol. — Emeric-David. Vies des Artistes anciens et modernes. — Gigoux. Causeries sur les Artistes de mon temps. — R. de La Sizeranne. Ruskin, etc.
Quelques envois d'auteurs.

601. Ouvrages sur la Peinture. *Paris*, 1822-1904, 16 vol. in-18, demi-rel. et *brochés*.

Bracquemond. Du Dessin et de la Couleur. — Breton. La Peinture. — Dezobry. L'Histoire en Peinture. — Th. Gautier. Musée du Louvre. — Cl. de Ris. Les Musées de Province. — Stendhal. De la Peinture en Italie. — Thiers. Salon de 1822. — Salons de Thoré et Burger, 3 vol. — Topffer. Réflexions d'un peintre genevois, 2 vol. — Vibert. La Science de la peinture. — Villot. Musée du Louvre, Tableaux.
Quelques envois d'auteurs.

602. Vies des Peintres, Sculpteurs et Architectes par Giorgio Vasari, traduites par Léopold Leclanché et commentées par Jeanron et Léopold Leclanché. *Paris, Tessier*, 1841-1842, 10 vol. in-8, portr., demi-rel. veau fauve.

603. Abrégé de la Vie des plus fameux Peintres, avec leurs portraits gravés en taille-douce, les indications de leurs principaux ouvrages, quelques réflexions sur leurs caractères et la manière de connoître les desseins des grands maitres, par Dezallier d'Argenville. — Supplément. *Paris, de Bure*, 1745-1752, 3 vol. in-4, front. et portr., basane.

PREMIÈRE ÉDITION.

604. Peintres et Peintures antiques. *Rotterdam, Parme*, etc., 1694-1870, 6 vol. in-fol., in-4 et in-8, veau, demi-rel. et cart.

Fr. Junius. De Pictura veterum. — Lenormant. Peintures de Polygnote à Delphes. — Raoul-Rochette. Peintures antiques inédites. — Requeno. Greci et Romani Pittori, 2 vol. — G. Wustmann. Apelles.

605. Les Dieux et les Demi-Dieux de la Peinture par MM. Th. Gautier, A. Houssaye et P. de Saint-Victor. Illustrations par M. Calamatta. *Paris, Morizot*, 1864, gr. in-8., fig., demi-rel. veau, *non rogné*, couv.

Photographies et planches ajoutées.

606. Peintres anciens italiens. *New-York et Paris*, 1716-1903, 5 vol. in-8 et in-12., mar. et cart.

Diverses études sur Bellini, Michel-Ange, Salvator Rosa, par Ch. Blanc, P. Mantz, lady Morgan, etc. — L. de Vinci. Traité de la Peinture. — Les Femmes blondes selon les Peintres de l'Ecole de Venise.

607. François Boucher, Lemoyne et Natoire, par Paul Mantz. *Paris, Quantin*, 1880, in-fol., pl. et fig., cart. toile, *non rogné*.

Nombreuses illustrations dont 32 hors texte par *Lalauze, Gaujean, Boilvin*, etc.

608. Honoré Fragonard. Sa vie et son œuvre, 210 planches et vignettes d'après les Peintures, Estampes et Dessins originaux. Par le baron R. Portalis. Eaux-fortes par Lalauze, Champollion, Boilvin, etc. *Paris, J. Rothschild*, 1889, in-4, fig., *broché*, couv.

Exemplaire imprimé sur SIMILI-JAPON. Envoi autographe.

609. Peintres Français du XVIIIe siècle et du commencement du XIXe siècle. *Paris*, 1867-1898 et *s. d.*, 7 vol. in-4, in-8 et in-18, fig., demi-rel. et cart.

Clément. Prud'hon. — Desmaze. M. Q. de La Tour. — A. Dayot. Les Vernet. — Fouche. Percier et Fontaine. — E. de Goncourt. L'Art du XVIIIe siècle, 2 vol.; l'Œuvre de Ant. Watteau.

610. Les Peintres vivants. Cent gravures, eaux-fortes, lithographies par les premiers artistes d'après Ingres, Delacroix, Rousseau, Français, Gavarni, etc. Texte de Théophile Gautier, Arsène Houssaye, Paul Mantz. *Paris*, 1852, 2 vol. in-fol., 100 pl., demi-rel.

611. Peintres Français du XIXe siècle. *Paris*, (1859)-1903, 12 vol. in-8 et in-12, fig., demi-rel., cart. et *brochés*.

Études diverses sur J. Bastien-Lepage, Courbet, Dehodencq, J. L. Hamon, H. Regnault, par A. Theuriet, G. Seailles, Cazalis, etc. — J. Breton. Nos Peintres du siècle. — M. Proth. Voyage au pays des peintres. — J. Grand-Carteret. Raphaël et Gambrinus. — Laurent-Jan. Légendes d'atelier, ex. sur PAPIER DE CHINE, etc.

Quelques envois d'auteurs et lettres.

612. Peintres du XIXe siècle. *Paris et Beaune*, 1867-1897, 7 vol. in-4 et in-8, fig., demi-rel., cart. et *broché*.

Études diverses sur Eug. Delacroix, Ed. Manet, G. Michel, Régamey, Tassaert, Ziem, par Ph. Burty, J. de Biez, Em. Zola, Sensier, Prost, etc.

Quelques envois d'auteurs.

613. Peintres Français du XIXe siècle. *Paris*, 1869-1902, 5 vol. in-8, demi-rel. et *brochés*.

Ph. Burty. Paul Huet, PAPIER VERGÉ. — Ch. Clément. Géricault, Gleyre, 2 vol. — L. Flandrin. Hippolyte Flandrin. — E. Montrosier. Peintres modernes (Ingres, H. Flandrin, Robert-Fleury).

La plupart avec envois d'auteurs. 2 lettres ajoutées.

614. Lecomte du Noüy par Guy de Montgailhard. *Paris, Lahure*, 1906, in-4, portr., pl. et fig., *broché*.

Envoi autographe.

615. Peintres Français du XIXe siècle. *Paris*, 1873 et *s. d.*, 3 vol., in-fol., in-4 et in-8, fig., demi-rel. et cart.

Beraldi. Raffet. — Dayot. Charlet et Raffet. — E. et J. de Goncourt. Gavarni.

Envois d'auteurs et lettre.

616. Le Nu aux Salons (Champs-Elysées et Champ-de-Mars) de 1888 à 1895, par Armand Silvestre. *Paris, Bernard*, 1888-1895, 14 vol. in-8, fig., demi-rel. *non rognés*, couv.

Quelques volumes avec envoi d'auteur.

On y joint du même auteur : *Le Nu au Louvre*, 1891 et *Le Nu de Rabelais*, 1892, 2 vol. Envois d'auteur.

Ensemble 16 vol. dans la même reliure.

617. La Vie des Peintres flamands, allemands et hollandois, avec des portraits gravés en taille-douce, une indication de leurs principaux ouvrages et des réflexions sur leurs différentes manières, par J.-B. Descamps. *Paris, Jombert*, 1753-1764, 4 vol. in-8, front. et portr., veau marbré, dos orné, fil. (*Rel. anc.*)

Parmi les portraits de cet ouvrage, certains sont dus au burin de *Ficquet* et un grand nombre sont des chefs-d'œuvre de gravure. PREMIER TIRAGE.

618. Hans Holbein par Paul Mantz. Dessins et gravures sous la direction de Edouard Lièvre. *Paris, Quantin*, 1879, in-fol., pl. et fig., cart. toile, *non rogné*.

Nombreuses illustrations dont 27 hors texte par *Courtry, Ed. Lièvre*, etc.

619. La Mazelière (Mis de). La Peinture Allemande au XIXe siècle.

Ouvrage accompagné de cent trois gravures hors texte. *Paris, Plon.* 1900, gr. in-8, fig., *broché*, couv.

Envoi d'auteur.

On y joint : Blondel et Mirabaud. Rodolphe Töpffer, l'écrivain et l'homme, 1886. — R. de La Sizeranne. La Peinture anglaise contemporaine, 1895, in-18, *broché*, couv. Envoi d'auteur.

620. Goya. Sa biographie, les fresques, les toiles, les tapisseries, les eaux-fortes et le catalogue de l'œuvre. Avec 50 planches inédites. Par Ch. Yriarte. *Paris, H. Plon*, 1867, in-4, portr. et fig., cart., *non rogné*, couv.

621. The Works of William Hogarth, in a Series of one hundred and fifty steel engravings, with descriptions by Rev. John Trusler. *London, s. d.* (*vers* 1830), 2 tomes en un vol. in-4., front., portr. et pl., chagrin brun, dos et plats ornés, tr. dor. (*Rel. de l'époque.*)

Nombreuses reproductions de peintures.

622. Ouvrages divers sur la Gravure. *Rome, Bâle et Paris*, 1746-1858 et *s. d.*, 7 vol. in-4, in-8 et in-12, fig. et pl., vélin, demi-rel. et cart.

A. Houssaye. Jacques Callot, sa Vie et son Œuvre. — Les Misères et les Malheurs de la Guerre par J. Callot, 18 pl. — Hans Holbein. L'Alfabeto della Morte. — La Danse des Morts. — La Grande Danse Macabre, édition de Baillieu. — Em. Brulon. Pratica di Geometria, 1746. — Van Ostade, sa Vie et son Œuvre.

623. Les Graveurs du dix-huitième siècle, par MM. le baron Roger Portalis et Henri Beraldi. *Paris, Morgand et Fatout*, 1880-1882, 3 tomes en 6 vol. in-8, demi-rel., *non rognés*.

624. Bourcard (G.). Les Estampes du XVIIIe siècle. Ecole Française. Guide-manuel de l'amateur avec une préface de Paul Eudel. *Paris, Dentu*, 1885, in-8, *broché*, couv.

Première édition. Papier vergé. Envoi d'auteur.

625. Les Graveurs du XIXe siècle. Guide de l'Amateur d'Estampes modernes par Henri Beraldi. *Paris, Conquet*, 1885-1892, 12 vol. in-8, 28 fig., *brochés*.

626. Catalogue descriptif et analytique de l'Œuvre gravé de Félicien Rops, précédé d'une notice biographique et critique par Erastène Ramiro (Eug. Rodrigues). *Paris, Conquet*, 1887, in-8, front. et fig., *broché*, couv.

Papier vélin. Orné d'un frontispice et de gravures d'après des compositions inédites de *F. Rops*. Envoi autographe de l'auteur.

On y joint : Félicien Rops par Erastène Ramiro (Eug. Rodrigues). *Paris, Floury*, 1905, in-4, portr., pl. et fig., *broché*, couv. Envoi de l'auteur.

627. Champfleury. Histoire de la Caricature antique,(— de la Caricature au Moyen-Age et sous la Renaissance, — de la Caricature sous la Réforme et la Ligue, Louis XIII à Louis XVI, — de la

Caricature sous la République, l'Empire et la Restauration, — de la Caricature moderne). *Paris, Dentu, s. d.* (1867-1880), 5 vol. in-18, fig. en noir et en couleur, demi-rel. mar. rouge, *non rognés,* couv.

Envois autographes de l'auteur à deux volumes.

628. Wright. Histoire de la Caricature et du Grotesque dans la Littérature et dans l'Art. Deuxième édition illustrée de 238 gravures. Notice par Amédée Pichot. *Paris, Delahays,* 1875, in-8, cart. toile, *non rogné.*

On y joint :

1° J. Grand-Carteret. Les Mœurs et la Caricature en Allemagne, en Autriche, en Suisse, avec préface de Champfleury. *Paris,* 1885, gr. in-8, pl. et fig. en noir et en couleur, *broché.*

2° Jean Berleux (M. Quentin-Bauchart). La Caricature politique en France pendant la Guerre, le Siège de Paris et la Commune (1870-1871). *Paris,* 1890, in-8, fig., *broché,* couv. Envoi d'auteur.

3° P. Gaultier. Le Rire et la Caricature. Préface par M. Sully Prudhomme. *Paris,* 1906, in-18, 16 pl., *broché,* couv. Envoi d'auteur.

629. La Sculpture ancienne. *Bruxelles, Paris,* etc. 1768-1885, 6 vol. in-4, in-8 et in-18, veau, cart. et *broché.*

Legrand. Galeries des Antiques. — A. Wagnon. La Sculpture antique. — Emeric David. Histoire de la Sculpture antique et Recherches sur l'Art statuaire, 2 vol. — De l'Usage des Statues chez les Anciens. — Statues di Firenze, 85 pl.

630. La Sculpture ancienne. *Paris,* 1802-1892, 12 vol. in-4 et in-8, demi-rel., cart. et brochures.

Aicard. La Vénus de Milo. — Collignon. Phidias. — Froehner. La Colonne Trajane. — Ch. Giraud. Les Bronzes d'Ossuna. — Lessing. Du Laocoon. — F. Ravaisson. La Vénus de Milo. — L. de Ronchaud. Phidias. — Alberti. De la Statue et de la Peinture, trad. par Cl. Popelin. — Bas-Reliefs du Parthénon.

631. La Sculpture moderne. *Paris,* 1853-1880, 7 vol. in-8 et in-18, demi-rel. et *broché.*

E. Chesneau. Le Statuaire J.-B. Carpeaux. — A. Etex. J. Pradier. — H. Jouin. La Sculpture en Europe ; Antoine Coysevox, 2 vol. — Rude. — David. La Sculpture française. — Eug. Plon. Thorvaldsen, sa vie et son œuvre, avec deux gravures au burin par *F. Gaillard* et 35 compositions du maître. Papier vélin, tirage à part des figures sur bois.

632. Histoire des Joyaux de la Couronne de France d'après des documents inédits. Ouvrage orné de 50 gravures. Par G. Bapst. *Paris, Hachette et Cie,* 1889, gr. in-8, fig., demi-rel. dos et coins de mar. citron, dos orné, *non rogné,* couv.

Exemplaire imprimé sur Papier du Japon. Envoi autographe de l'auteur et lettres du même ajoutées.

On y joint du même auteur :

1° Inventaire de Marie-Josèphe de Saxe, Dauphine de France. *Paris,* 1883, in-4, portr., cart., *non rogné.* Lettre autographe ajoutée.

2° Le Musée rétrospectif du Métal à l'Exposition de l'Union Centrale des Beaux-Arts. 1880. *Paris, Quantin,* 1881, in-8, pl., cart., *non rogné,* couv. Envoi et lettre autographe de l'auteur.

633. La Bijouterie Française au XIXe siècle (1800-1900) par

Henri Vever. *Paris, H. Floury*, 1906-1908, 3 vol. gr. in-8, pl. et fig., *brochés*, couv.

Illustrés d'un très grand nombre de figures intéressantes pour l'Art de la Bijouterie. Envoi autographe de l'auteur.

634. L'Orfèvrerie algérienne et tunisienne par Paul Eudel. Ouvrage illustré de nombreux dessins, chromolithographies et cartes. *Alger, A. Jourdan*, 1902, fort vol. in-8, pl. et fig., *en feuilles*, couv.

Exemplaire imprimé sur Papier du Japon. Envoi autographe de l'auteur.

635. Benvenuto Cellini. Orfèvre, médailleur, sculpteur. Recherches sur sa vie, sur son œuvre et sur les pièces qui lui sont attribuées par Eugène Plon. Eaux-fortes de Paul Le Rat. *Paris, Plon et Cie*, 1883, pet. in-fol., fig., demi-rel. peau de truie, dos orné à froid, *non rogné*, couv.

Orné de 82 planches hors-texte.
Envoi autographe de l'auteur et lettre du même, ajoutée.
On y joint : 1° Benvenuto Cellini. Nouvel appendice. Par Eug. Plon. *Paris*, 1884, in-fol., pl. et fig.
2° La Vie de Benvenuto Cellini écrite par lui-même. Traduction Léopold Leclanché. Notes et index de M. Franco. *Paris, Quantin*, 1881, in-8, fig. de *Laguillermie*, demi-rel. veau, *non rogné*, couv.

636. Histoire de la Faïence de Delft par Henry Havard. *Paris, Plon*, 1878, gr. in-8, pl. et fig., cart. en cuir Japonais, *non rogné*, couv.

25 planches hors texte et plus de 400 fac-similés dans le texte par . *Flameng* et *Ch. Goutzwiller*. Les chromolithographies sont de *Lemercier*.

637. Ouvrages divers sur la Faïence, l'Email, etc. *Paris*, 1866-1883, 10 vol. in-4, in-8 et in-18, fig., veau, demi-rel., cart. et *brochés*.

Bernard Palissy. Œuvres, avec notice et table par Anatole France. — Champfleury. Les Faïences patriotiques. — Froehner. Anatomie des Vases antiques. — Ris-Paquot. Manuel du Collectionneur de Faïences. — Ph. Burty. Les Emaux cloisonnés ; et F. D. Froment-Meurice. Argentier de la Ville. — Cl. Popelin. L'Email des Peintres ; les Vieux Arts du Feu.
Quelques volumes avec envois d'auteurs.

638. Histoire de la Céramique grecque par Olivier Rayet et Maxime Collignon. *Paris, G. Decaux*, 1888, gr. in-8, fig., demi-rel., *non rogné*, couv.

16 planches en couleur hors texte et nombreuses figures en noir dans le texte.

639. La Tapisserie de Bayeux. Reproduction d'après nature en 79 planches phototypographiques. Avec un texte historique, descriptif et critique par Jules Comte. *Paris. J. Rothschild*, 1878, in-4 obl., pl., demi-rel. veau, *non rogné*.

640. La Reliure du XIXe siècle par H. Beraldi. *Paris, L. Conquet*, 1895-1897, 4 vol. gr. in-8, pl., *brochés*.

Orné de 285 reproductions de reliures. Tiré à 295 exemplaires. Epuisé.
Envoi autographe de l'auteur.

641. La Reliure moderne artistique et fantaisiste par Octave Uzanne. *Paris, Ed. Rouveyre*, 1887, in-8, front. de Lynch et 72 pl. de reliures, *broché*.

Envoi et lettre autographe de l'auteur.

642. Reliures d'art composées et exécutées par Charles Meunier, relieur-doreur. *Paris*, 1897-1906, 6 vol. in-4, front. et pl., demi-rel.

Orné de 590 planches de reproductions de reliures artistiques.
On y joint : Catalogue de cent reliures d'art, composant la collection du Vte de La Croix-Laval, 1902.

643. Collection Basilewski. Catalogue raisonné, précédé d'un essai sur les arts industriels du Ier au XVIe siècle, par A. Darcel et A. Basilewski. *Paris, Vve A. Morel et Cie*, 1874, 2 part. en un vol. in-4, pl., demi-rel. veau marbré, ébarbé.

Ce beau catalogue orné de 50 planches la plupart en couleurs, est devenu fort rare. La collection qui y est décrite a été achetée en bloc par un musée de Saint-Pétersbourg.

644. Collection d'objets d'art de M. Thiers, léguée au Musée du Louvre. *Paris, impr. Jouaust et Sigaux*, 1884, in-4, portr. et pl., demi-rel., *non rogné*, couv.

Cette publication rédigée par Ch. Blanc et autres personnes, est ornée de 33 planches à l'eau-forte par *Monziès, Gaucherel*, etc., ou en chromolithographie, précédées d'un portrait par *L. Flameng*.
Non mis dans le commerce. Envoi autographe de Mlle Dosne.

645. Collection de M. John W. Wilson, exposée dans la galerie du cercle artistique et littéraire de Bruxelles. *Paris, Claye*, 1873, in-fol., pl., demi-rel., *non rogné*, couv.

Catalogue orné de 68 eaux-fortes par *Waltner, Gaucherel, Lalauze, Jacquemart, L. Flameng, Rajon*, etc.

646. Catalogues de ventes de Tableaux, Dessins, Objets d'art, etc. *Paris*, 1864-1905, 22 vol. in-4 et in-8, fig., cart. et *brochés*.

Eug. Delacroix, 1864, ex. sur papier de Hollande. — Atelier J. Dupré, 1890. — A. Dumas, 1896. — P. Eudel, 1898. — Fortuny, 1875. — Comte A. de G., 1903. — Th. Gautier, 1873. — Goncourt, 1897. — P^{sse} Mathilde, 1904. — E. Piot, 1890. — Pourtalès, 1865. — P. de Saint-Victor, 1882. — Schiff, 1905. — Mme Valtesse de la Bigne, 1902, etc., etc.
La plupart de ces catalogues sont illustrés.

647. Ouvrages sur le Costume. *Paris*, 1860-1899, 6 vol. in-4 et in-8, pl. et fig., demi-rel. et *brochés*.

Costumes anciens et modernes de C. Vecellio, précédés d'un Essai sur la gravure sur bois, par M. Amb. Firmin Didot, 2 vol. — A. Dayot. L'Image de la Femme. — G. Demay. Le Costume au Moyen-Age. — Moreau-Vauthier. Les Portraits de l'Enfant. — Quicherat. Histoire du Costume en France.

648. Ouvrages sur les Musiciens et la Musique. *Paris*, 1894-1898, 3 vol. in-4 et in-18, *brochés*, couv.

C. Bellaigue. Portraits et Silhouettes de Musiciens ; Etudes Musicales, 2 vol. — Al. Bibesco. Berthold Damcke.
Envois d'auteur.

ARTS DIVERS.

649. Hieronymi Mercurialis de arte gymnastica libri sex. *Venetiis, apud Juntas*, 1587, in-4, fig., veau.

Orné de nombreuses et curieuses figures sur bois.

650. Ouvrages sur la Chasse et les Chevaux. *Paris*, 1880-1904, 4 vol. in-4, in-8 et in-18, fig., *brochés.*

Ch. Diguet. La Chasse en France. — Sid Mohammed el Mangali. Traité de Vénerie. — G. de Contades. Les Courses de chevaux en France (1651-1890). — Cte de Comminges. Les Races de chevaux de selle en France.
Quelques volumes avec envois d'auteurs.

651. Ouvrages sur l'Escrime et le Duel. *Paris*, 1829-1904, 11 vol. in-4, in-8 et in-18, reliés et *brochés.*

G. Robert. La Science des Armes, 1887. — Grisier. Les Armes et le Duel, 1847. — de Vaux. Les Duels célèbres, 1884. — de Chatauvillard. Essai sur le Duel, 1836. — A. de Saint-Albin. Les Salles d'armes de Paris, 1875. — Bataillard. Du Duel, 1829. — A. d'Almbert. Physiologie du Duel, 1867. — duc Féry d'Esclands. Conseils pour les Duels, 1900. — R. de Beauvoir. Duels et Duellistes, 1864. — Tavernier. Amateurs et Salles d'Armes de Paris, *s.d.*, etc.
Quelques-uns de ces volumes avec envois d'auteurs.

652. Merlin (R.). Origine des Cartes à jouer. Recherches nouvelles sur les Naïbis, les Tarots et sur les autres espèces de cartes. *Paris, Rapilly*, 1869, in-4, pl., demi-rel., *non rogné*, couv.

Orné de 74 planches avec plus de 600 sujets.

653. Le Whist en province. *Sébastopol, imprimerie impériale*, 1856, pet. in-4 carré de 4 ff., cart.

Ce poème resté anonyme, étant parvenu en manuscrit au général Pélissier qui commandait à ce moment l'armée devant Sébastopol, le général eut l'idée de le faire imprimer à quelques exemplaires à la petite imprimerie particulière installée dans le camp.

LITTÉRATURE.

654. Grammaires grecques. *Paris*, 1828-1889, 4 vol. in-8, demi-rel. et cart., et brochures.

Minoïde Mynas. Grammaire grecque. — Nicolaïdi. Grammaire française-grecque. — Psichari. Essais de grammaire historique néo-grecque, 2 vol., etc.
Quelques envois d'auteur.

655. Roberti Stephani Thesaurus Linguæ latinæ in IV tomos divisus, cui post novissimam Londinensem editionem, accesserunt nunc primum Henrici Stephani annotationes autographæ; nova cura recensuit, repurgavit et animadversiones adjecit Ant. Birrius. *Basileæ*, 1740-1743, 4 vol. in-fol., veau marbr., fil., tr. dor. (*Rel. anc.*)

Excellente édition.
On y joint : Suidæ Lexicon, græce et latine. *Cantabrigiæ*, 1705, 3 vol. in-fol., vélin.

656. Ouvrages sur la Grammaire, la Linguistique et la Poëtique. *Paris*, 1825-1902, 24 vol. in-8, in-18, demi-rel. et brochures.

A. Firmin-Didot. Observations sur l'orthographe. — Girault-Duvivier. Grammaire des Grammairiens, 2 vol. — R. de Gourmont, 3 vol. — Legouvé. La Lecture en action ; L'Art de la lecture, 2 vol. — Max Müller. La Science du langage, 2 vol. — Noël. Grammaire française. — Poitevin. La Grammaire et les Ecrivains. — Bibesco. La Question des Vers français. — Dorchain. L'Art des Vers. — Maxim. The Science of Poetry, etc.

657. Dictionnaire de la Langue française, par E. Littré. *Paris*, 1863-1881, 5 vol. in-4, demi-rel.

On y joint : 1° Dictionnaire de l'Académie, 1878, 2 vol. in-4, demi-rel. — 2° Dupiney de Vorepierre. Dictionnaire français illustré, 1860-1864, 2 tomes en 4 vol. in-4, dem.-rel.

658. Dictionnaires divers. *Paris*, 1874-1892, 10 vol. in-18, fig., demi-rel., cart. et *brochés*.

A. Delvau. Dictionnaire de la Langue verte et Dictionnaire érotique moderne, avec front. de Rops, 2 vol. — G. Duval. Dictionnaire des Métaphores de V. Hugo. — Lorédan-Larchey. Les Joueurs de Mots, Les Excentricités du langage, Nos Vieux Proverbes, 3 vol. — Narrey. Voyage autour du dictionnaire. — Noriac. Dictionnaire des amoureux, etc.

659. Orateurs grecs. *Paris*, 1783-1875, 9 vol. in-8 et in-18, demi-rel. et cart.

Démosthène et Eschine. Œuvres complètes. — Démosthène. Plaidoyers civils, 2 vol. — Isocrate. Œuvres, 3 vol., papier de Hollande. — Lysias. Œuvres complètes. — Oratores attici, 2 vol.

660. Poëtes grecs. *Hambourg et Paris*, 1733-1884, 20 vol. in-4, in-8 et in-12, reliés et *brochés*.

Poetarum comicorum græcorum fragmenta, par F. H. Bothe. — Les Petits Poëmes grecs, publiés par E. Falconnet. — Anacréon et Sappho. Odes. — Homère. Iliade et Odyssée. — Pindare. Odes (tiré à 65 ex.). — Quintus de Smyrne. La Guerre de Troie. — Sapphus. Fragmenta et Elogia. — Synésius. Lettres, Œuvres. — Théocrite. Idylles. Envoi de Leconte de Lisle. — Theognidis. Phocyclidis, etc.

661. Poëtes grecs. *Paris, Londres, Alexandrie*, etc. 1875-1891, 6 vol. et brochures.

Exploits de Diogénis Ahritas, épopée du dixième siècle, publiée par C. Sathas et E. Legrand. — Trois Poëmes grecs du moyen-âge recueillis par W. Wagner. — Poëmes patriotiques de Valoritis. — Poëmes de Monnotte, Bidzenou, etc.

On y joint diverses Tragédies, Comédies, Romans de Bikelas, Raigabé, Paparrigopoulos, etc.

Ensemble 18 vol. et brochures.

662. Chansons de la Grèce. *Paris*, 1824-1905, 7 vol. in-8, demi-rel. et *broché*.

Fauriel. Chants populaires de la Grèce moderne, 2 vol. — Legrand. Chansons populaires grecques. — Lemercier. Chants héroïques grecs. — Marcellus. Chants du peuple en Grèce, etc.

663. Poëtes latins. *Amsterdam et Paris*, 1664-1877, 10 vol. in-8 et in-12, veau, demi-rel. et cart.

Ausone. Œuvres, 4 vol. — Faerne. Fabulæ. — Horace. Juvénal, Perse, etc. — Ovide. Œuvres complètes. — Propertius. Elegiarium. — Perse et Juvénal, etc.

664. Les Poètes français. Recueil des chefs-d'œuvre de la poésie française depuis les origines jusqu'à nos jours; avec une notice littéraire sur chaque poète. Précédé d'une introduction par M. Sainte-Beuve. Publié sous la direction de M. Eugène Crépet. *Paris, Gide*, 1861-1862, 4 vol. in-8, demi-rel., *non rognés.*

665. Poètes français. *Grenoble et Paris*, 1685-1875, 12 vol. in-4 et in-12, veau, demi-rel. et cart.

Ch. d'Orléans. Poésies. *Grenoble*, 1803. — J. de Luxembourg. Le Triomphe et les Gestes de Mgr. Anne de Montmorency, 1904. — Rutebeuf. Œuvres complètes, 3 vol. — Fr. Villon. Œuvres complètes. — Senecé. Epigrammes. — Sarasin. Œuvres, 2 vol. — Epigrammes des Poëtes françois, 2 vol. — Gilbert. Œuvres complètes.

666. Poètes français. *Paris*, 1835-1876, 4 vol. in-8, demi-rel. et *broché.*

Barthélemy. Némésis, 2 vol. illustrés par *Raffet*. — André Chénier. Poésies, édition de Becq de Fouquières. — La Grange-Chancel. Philippiques, édition de Léon de Labessade.

667. Histoire du théâtre et critique dramatique. *Paris*, 1868-1906, 17 vol. in-8 et in-18, demi-rel., cart. et *brochés.*

G. Bapst. Essai sur l'Histoire du Théâtre. — Bernardin. La Comédie italienne. — Du Bled. La Comédie de société. — Ernest-Charles. Le Théâtre des Poètes. — Faguet. Drame ancien et moderne. — Fée. Etudes sur l'ancien théâtre espagnol. — Funck-Brentano. La Bastille des Comédiens. — A. Gassier. Le Théâtre espagnol. — J. Janin. Deburau. — Lettres de A. Lecouvreur. — H. Lumière. Le Théâtre Français pendant la Révolution, Papier du Japon. — Magnin. Origines du Théâtre. — Weiss. Théâtres et Drames, 3 vol., etc.

Quelques envois d'auteurs.

668. Tragiques grecs. *Leipzig et Paris*, 1830-1881, 9 vol. in-8 et in-18, demi-rel. et cart.

Aristophane. Comœdiæ. — Aristophane. Comédies, 3 vol. — Eschyle. Tragédies. — Sophocle. Tragédies. — Poetæ scenici græci, etc.

669. Le Théâtre français. *Paris*, (1871)-1872, 3 vol. in-8, fig., cart. toile, tr. dor.

Ed. Fournier. Le Théâtre Français avant la Renaissance, 1450-1550. — Le Théâtre Français au XVIe et au XVIIe siècle ou choix des comédies antérieures à Molière. — J. Janin. Chefs-d'œuvre dramatiques du XVIIIe siècle.

Costumes d'acteurs et d'actrices, coloriés d'après *M. Sand, A. Marie, Geoffroy*, etc.

670. Théâtre français. *Amsterdam, Macon et Paris*, 1747-1904, 8 vol. in-18 et in-12, veau, demi-rel. et *broché.*

P. Lacroix. Maistre Pierre Pathelin. — Maistre Pierre Pathelin hystorié, reproduction de l'édition imprimée vers 1500. — Rotrou. Théâtre choisi. — Marivaux. Théâtre, 4 vol. — Gresset. Le Méchant.

671. Recueil de Déclarations, Règements, Arrêts, Mémoires, lettres, etc., manuscrit et imprimés, relatifs à la Comédie Française, 1641-1850, 25 pièces en un vol. in-4, demi-rel. mar. bleu.

Avec envoi autographe de l'artiste Régnier à Arsène Houssaye.

672. Ouvrages divers sur la Comédie Française. *Paris*, 1879-1903, 8 vol. in-4, in-8 et in-12, mar., cart. et *brochés*.

Gueulette. Répertoire de la Comédie Française (tome III. 1886). Ex. sur Papier du Japon. — J. Janin. Rachel et la Tragédie. — G. d'Heylli. Journal intime de la Comédie Française (1852-1871). — A. Joannidès. La Comédie-Française de 1680 à 1902, 3 vol. — A. Soubiès. La Comédie Française depuis l'époque romantique 1825-1894. — Ed. Thierry. La Comédie Française pendant les deux Sièges (1870-1871).

673. Romans et Nouvelles. *Paris, Bruxelles*, etc., 1726-1890, 9 vol. in-8 et in-12, demi-rel., cart. et *brochés*.

Histoire des Quatre Fils Aymon. — Conquêtes du Grand Charlemagne. — Blessebois. Le Lion d'Angélie. — Chevrier. Le Colporteur. — Mirabeau. Errotika Biblion, 1783, édition originale. — Roti. — Cochon. — Sorel. Histoire comique de Francion. — Triomphes de l'Abbaye des Conards. — Viaud. Naufrages et Aventures.

674. Le Cabinet des Fées ; ou Collection choisie des Contes des Fées, et autres Contes merveilleux. Ornés de figures. *Amsterdam et Paris*, 1785-1786, 36 vol. in-8 (sur 41), fig., veau.

Nombreuses illustrations par *Marillier*.

675. Légendes et Contes populaires des Provinces de France. *Paris*, 1850-1904, 14 vol. in-8 et in-18, cart. et *brochés*.

De La Salle. Croyances et Légendes du Centre de la France, 1875 ; — Fée. Voceri, chants populaires de la Corse, 1850 ; — Le Braz. La Légende de la Mort chez les Bretons Armoricains, 2 vol. — Orain. Contes du Pays Breton, Chansons de la Haute-Bretagne, Contes et Folk-Lore de l'Ille et Vilaine. — J. des Gachons. Le Livre des Légendes, papier vergé, etc.

Quelques volumes avec envois d'auteurs et lettres autographes.

676. Petits Conteurs du XVIIIe siècle. *Paris, A. Quantin*, 1878-1883, 12 vol. in-8, front., portr. et fig., demi-rel., dos orné, *non rognés*, couv.

Contes de Voisenon, Caylus, Moncrif, Crébillon fils, La Morlière, Duclos, Restif, Boufflers, etc.

Collection complète, tirée à petit nombre.

677. Casanova. Mémoires de Jacques Casanova de Seingalt, écrits par lui-même. *Bruxelles, J. Rozez*, 1863, 6 vol. in-18, demi-rel. veau fauve, tête dor., *non rognés*.

678. Tom Jones, ou Histoire d'un enfant trouvé, par Fielding. Traduction nouvelle et complète (par le Comte de La Bédoyère). *Paris, Didot*, 1833, 4 vol. in-8, fig., cart., *non rognés*.

Édition ornée de 12 jolies figures par *Moreau*.

679. Ouvrages sur les Femmes. *Paris*, 1886-1911, 8 vol. in-8 et in-18, cart. et *brochés*.

Gréard. L'Éducation des Femmes par les Femmes. — Joran. Les Féministes avant le Féminisme (du XVe au XVIIIe siècle), et Le Mensonge du Féminisme, 2 vol. — P. Lacour. Les Amazones. — R. de Maulde La Clavière. Les Femmes de la Renaissance. — C. Pert. Le Livre de la Femme. — Mme de Remusat. Essai sur l'Éducation des Femmes. — Le Droit des Femmes au Luxe et à la Toilette.

Quelques envois d'auteurs.

680. Epistolaires. *Paris*, 1873-1904, 13 vol. in-8 et in-18, cart. et *brochés.*

Champollion inconnu, Lettres inédites. — Lettres grecques de Madame Chénier. — Lettres de Coray, 7 vol. — Correspondance intime de Desbordes-Valmore. — Correspondance de G. Sand et d'Alfred de Musset. — Sainte-Beuve. Lettres à la Princesse.

681. Les Images ou Tableaux de Platte Peinture des deux Philostrates sophistes grecs et les Statues de Callistrate. Mis en françois par Blaise de Vigenere. Reveuz et corrigez avec des épigrammes par Artus Thomas sieur d'Embry. *Paris, M. Guillemot*, 1637, in-fol., titre gravé et fig., demi-rel. vélin.

Nombreuses et belles planches par *A. Caron, J. Isac, Th. de Leu, L. Gaultier*, etc.

682. Mélanges de Littérature grecque. *Leyde, Paris*, etc., 1617-1881, 23 vol. in-8 et in-12, mar., cart. et *broché.*

Anthologie grecque, 2 vol. — Miller. Mélanges de Littérature grecque. — Alciphron. Lettres grecques. — Aristote. Poétique. — Hippocrate. — Ismène et Ismenias. — Longus. Pastorales. — Lucien. Œuvres complètes, 2 vol. — Lucien. Dialogues des Courtisanes. — Ménandre et Philémon. — J. Meursins, 2 vol. — Nonnos. Les Dionysiaques, 6 vol. — Philostrate. Lettres galantes. — Lewis. Bons Mots des Grecs et des Romains. — Morel. L'Esprit des Grecs.

683. Œuvres complètes de M. T. Cicéron, publiées en français, avec le texte en regard, par Jos. Vict. Le Clerc. *Paris, Werdet et Lequien fils*, 1826-1827, 35 tomes en 36 vol. in-12, demi-rel. veau fauve, dos orné, ébarbés.

684. Œuvres choisies de l'Abbé Prévost, avec figures. *Amsterdam et Paris*, 1783-1785, 39 vol. in-8, portr. et fig., veau.

Orné d'un portrait par *Ficquet* et de 77 figures par Marillier.

685. Œuvres de Palissot. Nouvelle édition, considérablement augmentée, enrichie de figures. *Liège, Cl. Plomteux*, 1777, 6 vol. in-8, portr. et fig., veau.

Orné d'un portrait et de 18 figures par *Méon* et *Monnet*.

686. Œuvres complètes de Voltaire (avec des avertissements et des notes par Condorcet, imprimées aux frais de Beaumarchais). (*Kehl*), *de l'impr. de la Société littéraire typographique*, 1785-1789, 70 vol. in-8, portr. et fig., veau, dos orné, pet. dent., tr. dor. (*Rel. anc.*)

Cette édition est ornée des belles figures de *Moreau le jeune* et de portraits.

687. Voltaire. Œuvres diverses. *Amsterdam et Paris*, 1746-1880, 8 vol. in-8 et in-12, veau et cart.

L'Ingénu. — La Princesse de Babilone. — Discours prononcés dans l'Académie Françoise à la réception de M. de Voltaire. — L'Arbre de Science, roman posthume. — L'Esprit de Monsieur de Voltaire (par Cl. Villaret). — Le Sottisier de Voltaire. — Le Dernier volume des Œuvres de Voltaire. — Souvenirs de Madame de Caylus (première édition publiée par Voltaire avec préface et notes).

688. Œuvres de Diderot (et supplément). *Paris, A. Belin,* 1818-1819, 7 vol. in-8, cart., *non rognés.*

689. Œuvres complettes de J.-J. Rousseau, Citoyen de Genève. Nouvelle édition. *Paris, Belin,* 1793, 37 vol. in-12, portr. et 23 fig. par Marillier, veau marbr., tr. dor. (*Rel. anc.*)

690. Chefs-d'œuvre littéraires de Buffon, avec une introduction par M. Flourens. *Paris, Garnier,* 1864, 2 vol. in-8, portr., demi-rel. dos et coins de mar. rouge, tête dor., *non rognés.* (*David.*)

PAPIER DE HOLLANDE.

691. Œuvres choisies, littéraires, historiques et militaires. — Œuvres choisies. — Lettres et Pensées du Maréchal Prince de Ligne. Publiées par Malte-Brun, Propriac et la baronne de Staël Holstein. *Paris et Genève,* 1809, 4 vol. in-8, demi-rel. veau, dor orné, tr. marbr.

692. Littérature italienne et portugaise. *La Haye, Milan et Paris,* 1746-1879, 14 vol. in-8 et in-18, veau, demi-rel. et cart.

Boyardo. Roland l'amoureux, trad. de Le Sage, 4 vol., fig. — Dante. Divine Comédie, trad. de Fiorentino. — Luigi da Porto. Giulietta et Romeo, trad. par H. Cochin, PAPIER VERGÉ. — Petrarque. Rimes, trad. en vers par J. Poulenc, 2 vol., portr., PAPIER VERGÉ. — Tasse. La Jérusalem délivrée, trad. par Desplaces. — Vico. Œuvres choisies, 2 vol. — L. Camoens. La Lusiade, 2 vol.

693. Littérature allemande. *Paris,* 1838-1885, 14 vol. in-8 et in-18, demi- rel., cart. et *brochés.*

Goëthe. Faust, trad. de Gérard : Faust, trad. de S. Paquelin : Conversations, trad. de Délerot : Mémoires, trad. de Carlowitz, 7 vol. — Grimm. Contes choisis, trad. de Baudry : Veillées allemandes, 3 vol. — Schiller. Œuvres dramatiques, trad. de Barante, 3 vol. — Wieland. Mélanges, trad. de Loève-Veimars et Saint-Maurice.

694. Littérature anglaise. *Paris et Londres,* 1742-1875, 11 vol. in-18, veau, demi-rel. et cart.

Lord Byron. Œuvres complètes, 4 vol. — Edgar Poe. Histoires et Nouvelles histoires extraordinaires, 2 vol. — W. Shakespeare. Works. — Sterne. Voyage sentimental. — Swift. Le Conte du Tonneau, 3 vol.

695. Œuvres complètes de W. Shakespeare (trad. de François-Victor Hugo). *Paris, Pagnerre,* 1859-1866, 18 vol. in-8, cart. toile, *non rognés.*

696. Œuvres complètes de Sir Walter Scott (traduction de Defauconpret). *Paris, Gosselin,* 1828-1833, 84 vol. in-12, titres gravés et fig., demi-rel. veau, dos orné, tr. marbr. (*Rel. du temps.*)

PAPIER VÉLIN.

HISTOIRE.

697. Ouvrages sur la Géographie. *Paris*, 1620-1862, 4 vol. in-fol., veau et demi-rel.

Strabonis rerum geographicarum, 1620. — Théâtre géographique du Royaume de France, 1638. — Brion. Atlas général civil et ecclésiastique, 1766. — Garnier. Atlas sphéroïdal et universel de géographie, 1862.
Nombreuses cartes en noir et en couleurs.

698. Bérard (Victor). Les Phéniciens et l'Odyssée. *Paris, A. Colin*, 1902-1903, 2 vol. gr. in-8, fig., *brochés*, couv.

Envoi d'auteur.

699. Voyage pittoresque de la Grèce (par le comte de Choiseul-Gouffier). *Paris*, 1782-1822, 2 tomes en 3 vol. in-fol., pl., cart., *non rognés*.

Bel ouvrage orné de nombreuses planches par *Moreau, Hilair, Choffard* et *Choiseul-Gouffier*. Premier tirage.

700. Voyage dans la Grèce, par F. C. H. L. Pouqueville. *Paris. F. Didot*, 1820-1821, 5 vol. in-8, portr. et fig., cart.

On y joint : Lamartine. Voyage en Orient, 1855, 2 vol. — Yemeniz. Voyage dans le royaume de Grèce, 1854. — Tableau de la Grèce en 1825 par J. Emersen et Cte Pecchio, 1826, etc. Ensemble 10 vol. in-8, cart.

701. Voyages en Grèce et en Orient. 1843-1902, 16 vol. in-18, cart. et *brochés*.

Buchon. La Grèce Continentale. — Reynaud. D'Athènes à Baalbek. — Marcellus. Souvenirs de l'Orient. — J. Reinach. Voyage en Orient. — G. Larroumet. Vers Athènes et Constantinople, etc.

702. Géographie et Description de la Grèce, 20 vol. in-8 et in-12, cart.

Pouqueville et Brunet de Presle. La Grèce ancienne, et la Grèce depuis la Conquête romaine, 1860-1861. — Desdevises du Dezert. Géographie de la Macédoine, 1863. — Castellan. Lettres sur la Grèce, 1811. — Lacroix. Iles de la Grèce, 1853. — La Guilletière. Athènes ancienne et moderne, 1675. — Pittakis. L'Ancienne Athènes, 1835. — Perrot. L'Ile de Crète, 1867. — Lebègue. Recherches sur Delos, 1876, etc.

703. Voyages divers. *Paris*, 1869-1908, 6 vol. gr. in-8 et in-18, demi-rel., cart. et *brochés*, couv.

Asselineau. L'Italie et Constantinople. — Cte de Beauvoir. Voyage autour du monde, figures. — Depret. Silhouettes de villes. — F. du Boisgobey. Du Rhin au Nil. — Planchut. Le Tour du Monde en 120 jours. — Roulleaux Dugage. Paysages et Silhouettes exotiques.
Quelques envois d'auteurs.

704. Histoire Ecclésiastique (jusqu'en 1414) par M. Fleury, prêtre, Prieur d'Argenteuil, et Confesseur du Roi. Avec la continuation (jusqu'en 1595), par le P. Jean Cl. Fabre et Goujet. *Paris*,

1728-1743, 36 vol. — Table générale des matières (par Rondet). *Paris*, 1758, 4 vol. Ensemble 40 vol. in-12, vign., veau fauve, dos orné, tr. dor. (*Rel. anc.*)

Bel exemplaire.

705. Histoire ancienne. *Paris*, *Lyon*, etc., 1707-1865, 19 vol. in-8 et in-12, veau, demi-rel. et cart.

Bibliothèque universelle des Historiens. — Chateaubriand. Études historiques, 4 vol. — Huet. Histoire du commerce et de la navigation des anciens. — Levesque. Études de l'Histoire ancienne et de celle de la Grèce, 5 vol. — Ruelle. Histoire résumée des temps anciens, etc.

706. Diodori Siculi Bibliothecæ historicæ libri qui supersunt e recensione Petri Wesselingii. Nova editio cum commentationibus Chr. Gottl. Heynii et cum argumentis Nic. Eyringii (græce et latine). *Biponti* (*et Argentorati*), *ex typ. societatis*, 1793-1807, 11 vol. in-8, demi-rel. dos et coins de mar. rouge, dos orné, *non rognés*. (*Purgold.*)

707. Historiens grecs. *Paris*, 1844-1890, 20 vol. in-18, demi-rel. et cart.

Diodore de Sicile. Bibliothèque historique, vol. — Hérodote. Histoires. — Polybe. Histoire générale, 3 vol. — Plutarque. Œuvres morales, 5 vol. — Strabon. Géographie, 4 vol. — Thucydide. Guerre du Péloponèse. — Xénophon. Œuvres, 2 vol.

708. Historiens grecs. *Paris*, 1827-1867, 13 vol. in-8, demi-rel., cart. et *broché*.

Elien. Histoires diverses. — Justinien, par Isambert. — Julien. Œuvres complètes. — Philon d'Alexandrie. Écrits historiques. — Plutarque. Vies des Hommes illustres, 3 vol. — Procope. Histoire secrète de Justinien. — Thucydide. Guerre du Péloponèse, 4 vol., etc.

709. Historiens grecs. *Paris*, *Didot*, 1839-1862, 9 vol. in-8, demi-rel.

Fragmenta historicorum græcorum, par C. et Th. Müller, 3 vol. — Herodoti historiarum, par C. Müller. — Plutarchi Vitæ, par Th. Doehner, 2 vol. — Pausanias, Polybius, Appianus, Xenophon.

710. G. Grote. Histoire de la Grèce depuis les temps les plus reculés jusqu'à la fin de la génération contemporaine d'Alexandre le Grand. Traduit de l'anglais par A.-L. de Sadous. Avec cartes et plans. *Paris*, 1864-1867, 19 tomes en 10 vol. in-8, demi-rel. veau fauve, dos orné, *non rognés*.

711. Curtius (Ernest). Histoire grecque. Traduite de l'allemand sur la cinquième édition, par A. Bouché Leclercq. — Atlas. *Paris*, *E. Leroux*, 1880-1883, 6 vol. in-8, cartes, demi-rel., *non rognés*, couv.

712. Examen critique des anciens historiens d'Alexandre-le-Grand (par le baron de Sainte-Croix). Seconde édition considé-

rablement augmentée. *Paris*, 1804, un tome en 2 vol. in-4, pl. et carte, demi-rel. dos et coins de mar. rouge, dos orné, *non rognés*, (*Rel. anc.*)

Papier vélin.

713. Histoire de la Grèce ancienne. *Leyde, Paris*, etc., 1632-1881, 18 vol. in-4, in-8 et in-12, vélin, veau, demi-rel. et cart.

Barthélemy. Voyage d'Anacharsis en Grèce. — Clavier. Histoire des premiers temps de la Grèce, 2 vol. — Duruy. Histoire de la Grèce ancienne, 2 vol. — Petit de Julleville. Histoire de la Grèce sous la domination romaine. — Lenormant. La Grande Grèce, 2 vol. — Leuliette. Histoire de la Grèce, 2 vol.— Pausanias, 2 vol. — de Pauw. Recherches philosophiques sur les Grecs, 2 vol., etc.

714. Histoire de la Grèce à différentes époques. *Paris, Amiens*, etc., 1679-1893, 18 vol. in-8 et in-12, veau, demi-rel. et *brochés*.

Bikelas. La Grèce byzantine et moderne. — Filleul. Histoire du siècle de Périclès, 2 vol. — Guilletière. Lacédémone ancienne et nouvelle. — Lamartine. Vie de Alexandre le Grand, 2 vol.— Marcellus. Les Grecs anciens et modernes. — Monceaux. La Grèce avant Alexandre. — Villemain. Lascaris. — Les Grecs à toutes les époques, etc., etc.

715. Historiens romains. *Amsterdam, Berlin et Paris*, 1630-1871, 20 vol. in-24 et in-18, veau, demi-rel. et cart.

Les Écrivains de l'Histoire d'Auguste, 3 vol. — Ammien Marcellin, 3 vol. — César. Commentaires. — Justin. Historiarum. — Val. Maxime. Œuvres complètes, 2 vol. — Pline second. Panégyrique de Trajan. — Suetone. Œuvres. — Tacite. Œuvres complètes. — Tacite. Mœurs des Germains, ex. sur Chine. — Tite-Live. Histoire romaine, 4 vol., etc.

716. Histoire romaine. *Paris*, 1835-1875, 12 vol. in-8, demi-rel. et cart.

Beulé. Auguste, Tacite, 2 vol. — Boissier. L'Opposition sous les Césars. — Du Rozoir. Histoire Romaine. — Geffroy. Rome. — Latour St-Ybars. Néron. — Merivale. Histoire des Romains sous l'Empire, 2 vol. — Michelet. Histoire romaine, 2 vol. — Paillard. Pouvoir impérial. — Preller. Dieux de l'ancienne Rome.

Quelques envois d'auteurs et lettres ajoutées.

717. Histoire romaine. *Paris*, 1853-1908, 20 vol. in-18, demi-rel., cart. et *brochés*.

Boissier. Cicéron, Tacite, la Conjuration de Catilina, 3 vol. — Delorme. César. — De Mouy. Rome. — D'Hugues. Le Proconsulat de Cicéron. — Duruy. Histoire romaine. — Ferrero. Grandeur et Décadence de Rome, 6 vol. — Mérimée. Etudes sur l'Histoire romaine. — Nisard. Les Historiens latins. — Taine. Essai sur Tite-Live. — Zeiller. Les Empereurs romains, etc.

718. Histoire du Bas-Empire, par Lebeau. Nouvelle édition revue, corrigée et augmentée par M. de Saint-Martin (et continuée par M. Brosset jeune). *Paris, impr. de F. Didot*, 1824-1836, 21 vol. in-8, demi-rel. veau.

719. Histoire de la Décadence et de la Chute de l'Empire romain, traduite de l'anglais d'Edouard Gibbon. Nouvelle édition par M. F. Guizot. *Paris, Maradan*, 1812, 13 vol. in-8, demi-rel. anc., *non rognés*.

720. Histoire de Constantinople depuis le règne de l'ancien Justin, jusqu'à la fin de l'Empire. Traduite sur les originaux grecs par M. Cousin. *Suivant la copie imprimée à Paris*, 1685, 8 vol. in-12, front., veau.

721. Histoire générale du IVe siècle à nos jours. Ouvrage publié sous la direction de MM. Ernest Lavisse et Alfred Rambaud. *Paris, A. Colin et Cie*, 1893-1901, 12 vol. gr. in-8, demi-rel., *non rognés*, couv.

722. Schlumberger (Gustave). L'Epopée Byzantine à la fin du dixième siècle. Seconde et troisième parties. Basile II le tueur de Bulgares. Les Porphyrogénètes, Zoé et Theodora (1025-1057). (*Paris*), *Hachette et Cie*, 1900-1905, 2 vol. in-4, front., pl. et fig., *brochés*, couv.

Envois de l'auteur.

723. Annales de la Monarchie Françoise, depuis son établissement jusques à présent. Depuis Pharamond jusqu'à la majorité de Louis XV. Par M. de Limiers. *Amsterdam, L'Honoré*, 1724, 3 tomes en un vol. in fol., front. et pl., veau fauve, dos orné, fil., tr. dor. (*Rel. anc.*)

Frontispice et vignettes par *B. Picart*, cartes généalogiques et nombreuses figures de médailles, plans et vues de châteaux et maisons royales, au tome trois.

724. Michelet (J.). Histoire de France. Nouvelle édition revue et augmentée. *Paris, Marpon et Flammarion*, 1879, 19 vol. in-18, portr., cart., *non rognés*.

725. Œuvres d'Augustin Thierry. *Paris, Furne et Cie*, 1856-1866, 9 vol. in-18, portr., demi-rel. veau fauve, dos orné, *non rognés*.

Lettres sur l'Histoire de France, 1 vol. — Dix ans d'Etudes historiques, 1 vol. — Récits des Temps Mérovingiens, 2 vol. — Essai sur l'Histoire du Tiers-Etat, 1 vol. — Histoire de la Conquête d'Angleterre par les Normands, 4 vol.

726. Jullian (Camille). Histoire de la Gaule. Les Invasions gauloises et la Colonisation grecque. La Gaule indépendante. La Conquête romaine et les premières invasions germaniques. *Paris, Hachette*, 1908-1909, 3 vol. in-8, *brochés*.

Envoi autographe et lettre de l'auteur.
On y joint : M. Prou. La Gaule Mérovingienne. *Paris, s. d.*, in-8, fig., demi-rel.

727. Histoire de France. *Paris*, 1861-1903, 8 vol. in-8 et in-18, cart. et *brochés*.

Boisjolin. Les Peuples de la France. — Journal d'un Bourgeois de Paris 1405-1449, publié par Al. Tuetey. — Jullien. Vercingétorix. — S. Luce. Bertrand Du Guesclin. — Malo. Renaud de Dammartin et la coalition de Bouvines. — Thibault. Isabeau de Bavière, etc.
Quelques envois d'auteurs.

728. Ouvrages sur Jeanne-d'Arc. *Moulins et Paris*, 1887-1908, 10 vol. in-8 et in-18, fig., *brochés*.

Biottot. Jeanne-d'Arc. — Champion. Jeanne-d'Arc écuyère. — Choussy. Vie de Jeanne-d'Arc. — Abbé Dunand. Histoire complète de Jeanne-d'Arc, 3 vol. — Abbé Fesch. Procès et Martyre de Jeanne-d'Arc. — S. Luce. Jeanne-d'Arc à Domrémy.

729. Histoire de France au XVIe siècle. *Paris*, 1848-1904, 10 vol. in-8 et in-18, cart. et *brochés*.

A. Chuquet. Etudes d'Histoire. — H. de la Ferrière. Le XVIe siècle et les Valois, Marguerite d'Angoulême, La Saint-Barthélemy, Trois Amoureuses au XVIe siècle, 4 vol. — A. Lebey. Le Connétable de Bourbon. — Mignet. François Ier et Charles-Quint, 2 vol. — P. de Vaissière. Gentilshommes campagnards. — Histoire des persécutions religieuses.

Quelques envois d'auteurs.

730. Histoire de France sous Louis XIII. *Paris*, 1868-1907, 5 vol. in-8 et in-18, demi-rel. et *brochés*.

Journal de Jean Héroard publié par Soulié et Barthélemy, 2 vol. — Topin. Louis XIII et Richelieu. — G. d'Avenel. Richelieu et la monarchie absolue, 1895, 4 vol.; La Noblesse Française ; Prêtres, Soldats et Juges sous Richelieu, 2 vol.

Quelques envois d'auteurs.

731. Les Historiettes de Tallemant des Réaux. Troisième édition entièrement revue par MM. de Monmerqué et Paulin Paris. *Paris, J. Techener*, 1862, 6 vol. in-18, demi-rel., *non rognés*.

732. Histoire de France sous Louis XIV. *Amsterdam et Paris*, 1719-1903, 16 vol. in-4, in-8 et in-18, vélin et *brochés*.

Babeau. Le Maréchal de Villars. — Barine. Louis XIV et la Grande Mademoiselle, 2 vol. — Cause de Nazelle. Mémoires du temps de Louis XIV. — de Coynart. Une Sorcière au XVIIIe siècle. — Funck-Brentano. Le Drame des Poisons. — Mme de La Fayette. Henriette d'Angleterre. — Le Brun. Les Ancêtres de Louise de La Vallière. — Mémoires de Retz, 4 vol. — Ségur. Le Maréchal de Luxembourg, 2 vol.

Quelques envois d'auteurs.

733. Histoire de France sous Louis XV. *Paris*, 1777-1908 et *s.d.*, 8 vol. in-8 et in-18, demi-rel., cart. et *brochés*.

Boutry. Choiseul à Rome. — Colin. Louis XV et les Jacobites. — Comte Fleury. Louis XV intime. — Gauthier-Villars. Le Mariage de Louis XV. — Funck-Brentano. Mandrin. — P. de Nolhac. Louis XV, 2 vol. — Le Parc aux cerfs, fig. et portr. — Pidansat de Mairobert. L'Observateur anglois (et l'espion anglois), 10 vol.

Quelques envois d'auteurs.

734. Histoire de France au XIXe siècle. *Paris*, 1848-1909, 17 vol. in-8, fig., *brochés*.

Denormandie. Temps passé, Jours présents. — Du Barail. Mes Souvenirs, 3 vol. — Duruy. Notes et Souvenirs, 2 vol. — E. Legouvé. Soixante ans de Souvenirs (Ma Jeunesse). — A. de Mun. Dernières heures du Drapeau blanc. — D. Nisard. Souvenirs et Notes biographiques, 2 vol. — Pelletan. Trois journées de Février 1848. — P. Quentin-Bauchart. Lamartine et la Politique étrangère. — de Reiset. Les Enfants du Duc de Berry. — Cl. Vento. Les Grandes Dames d'aujourd'hui, etc.

Quelques envois d'auteurs.

735. Histoire du Second Empire, par Pierre de La Gorce. *Paris, Plon*, 1879-1905, 7 vol. in-8, *brochés*, couv.

736. Histoire de Napoléon III. *Paris*, 1868-1906 et *s. d.*, 5 vol. in-8, demi-rel. et *brochés*.

A. Lebey. Louis-Napoléon Bonaparte et la Révolution de 1848, 2 vol. Papier de Hollande ; les Trois Coups d'Etat de Louis-Napoléon Bonaparte. — Proudhon. Napoléon III. — Ténot. Etude historique sur le Coup d'Etat.
Quelques ouvrages avec envois d'auteurs.

737. Histoire de France au XIXe siècle. *Paris, Plon*, 1893-1905, 10 vol. in-8, *brochés*, couv.

Benedetti. Essais diplomatiques. — Delafosse. Théorie de l'ordre. — Desjardins. Questions sociales et politiques. — de Hübner. Neuf ans de Souvenirs d'un Ambassadeur d'Autriche à Paris, 2 vol. — Quentin-Bauchart. Etudes et Souvenirs sur la Deuxième République et le Second Empire, 2 vol.— P. Quentin-Bauchart. Lamartine. — Thouvenel. Pages de l'Histoire du Second Empire. — J. de Witte. Quinze ans d'histoire.
Plusieurs volumes avec envois d'auteurs.

738. Divers ouvrages sur le Second Empire. *Paris*, 1871-1897 et *s. d.*, 10 vol. in-4 obl. et in-8, demi-rel. et *brochés*.

Bordier. L'Allemagne aux Tuileries. — Benedetti. Ma Mission en Prusse. — Duc de Conegliano. La Maison de l'Empereur. — A. Dayot. Le Second Empire, pl. et fig. — Denormandie. Notes et Souvenirs. — Le Duc de Persigny et les Doctrines de l'Empire. — M. Quentin-Bauchart. Fils d'Empereur. — Papiers secrets, Discours, etc.
La plupart de ces ouvrages avec envois d'auteurs.

739. Histoire de France au XIXe siècle. *Paris*, 1873-1907 et *s. d.*, 32 vol. in-18, demi-rel., cart. et *brochés*.

Mme Adam. Mes Sentiments, Mes Angoisses, 2 vol. — Fr. Charmes. Etudes historiques et diplomatiques. — J. Claretie. La Vie à Paris, 1885. — M. Du Camp. Souvenirs de 1848. — G. Goyau. Vieille France, jeune Allemagne. — Ed. Hervé. Trente ans de politique. — P^ce^ de Joinville. Vieux Souvenirs. — Mis de Massa. Souvenirs et Impressions. — Mézières. Au Temps passé. — E. Olivier. L'Empire libéral, 13 vol. — Vogüé. Devant le Siècle, etc., etc.
Quelques envois d'auteurs.

740. Les Femmes des Tuileries, par Imbert de Saint-Amand. *Paris*, 1891-1892 et *s.d.*, 10 vol. in-18, *brochés*, couv.

Dernières années de la D^sse^ de Berry. — Les Exils. — Louis-Napoléon et Mademoiselle Montijo. — L'Apogée de Napoléon III. — Napoléon III et sa Cour, etc.
La plupart de ces volumes avec envois d'auteur.
On y joint : P. de Lano. Le Secret d'un Empire (envoi d'auteur). — Mme Carette. Souvenirs intimes de la Cour des Tuileries, 2 vol. Ensemble 13 volumes.

741. Hanotaux (Gabriel). Histoire de la France contemporaine (1871-1900). *Paris, Combet et Cie*, 1903-1908, 4 vol. in-8, portr., *brochés*.

Le Gouvernement de M. Thiers. — La Présidence du Maréchal de Mac-Mahon, 2 vol. — La République parlementaire.
Envoi autographe de l'auteur.

742. Histoire Contemporaine. *Paris,* 1880-1905 et *s. d.*, 40 vol. in-8 et in-18, demi-rel., cart. et *brochés.*

Bloy. Le Salut par les Juifs. — A. Cim. Bureaux et Bureaucrates. — Croiset. Les Démocraties antiques. — Desjardins. De la Liberté Politique, P. J. Pruchon, 3 vol. — Deschanel. Politique, Question sociale, 2 vol. — Hanotaux. La Paix latine, L'Energie française, 2 vol. — Poincaré. Questions et Figures politiques et Idées contemporaines, 2 vol. — Ribot. Discours politiques, 2 vol. — Vogüé. Les Morts qui parlent, Pages d'Histoire, 2 vol. — Vibert. Le Rachat de l'Ouest, etc., etc.

Plusieurs volumes avec envois d'auteurs.

743. Histoire physique, civile et morale de Paris, par J. A. Dulaure. Sixième édition augmentée de Notes nouvelles et d'un Appendice par J. L. Belin. *Paris, Furne et Cie*, 1837-1838, 8 vol. in-8, fig., demi-rel. veau bleu, dos orné. (*Rel. anc.*)

744. Plan topographique et raisonné de Paris, par les Srs Pasquier et Denis. *Paris,* 1758, in-12, demi-rel. mar. vert, tête dor., *non rogné.* (*Bertrand.*)

Ce volume, entièrement gravé, renferme 3 plans de Paris et des environs et 40 plans de quartiers. Il est orné, en outre, de 12 jolis petits en-têtes ou culs-de-lampe représentant des vues de Paris, par *Pasquier.*

PREMIÈRE ÉDITION. Rare.

745. Paris Guide par les principaux Ecrivains et Artistes de la France. *Paris, Librairie internationale,* 1867, 2 vol. in-8, front., fig. et plans, demi-rel. dos et coins de mar. rouge, dos orné, tête dor., *non rognés.* (*Amand.*)

La Science. — L'Art. — La Vie.

EDITION ORIGINALE. Exemplaire imprimé sur PAPIER DE CHINE.

746. Ouvrages divers sur Paris, 1879-1908, 20 vol. et brochures, in-8 et in-18, cart. et *brochés.*

Biré. Paris en 1793. — G. Cain. Promenades et Nouvelles Promenades dans Paris, 2 vol. — Ed. Drumont. Mon Vieux Paris. — Ph. Dufour. Paris pittoresque et poétique. — Ad. Guillot. Paris qui souffre. — Darzens et Willette. Nuits à Paris. — Ch. Simond. Paris de 1800 à 1900, en livraisons, etc., etc.

Plusieurs de ces volumes avec envois d'auteurs.

747. Ouvrages divers sur Paris. *Paris,* 1863-1906, 14 vol. in-4, in-8 et in-12, cart. et *brochés.*

A. Brisson. Scènes et Types de l'Exposition (de 1900). — J. Claretie. Une visite à l'Imprimerie Nationale. — H. Dabot. Souvenirs et Impressions d'un bourgeois du quartier latin. — Th. Gautier, A. Houssaye, Ch. Coligny. Le Palais Pompéien de l'Avenue Montaigne. — A. Hustin. Le Palais du Luxembourg. — F. Maillard. Le Gibet de Montfaucon. — P. Robiquet. Histoire municipale de Paris, 3 vol. — V. Sardou. La Maison de Robespierre, etc.

Plusieurs de ces ouvrages avec envois d'auteurs.

748. Le Désœuvré ou l'Espion du Boulevard du Temple par Mayeur de Saint-Paul. *Londres,* 1782, in-12, demi-rel., *non rogné.*

On y joint : 1° Les Nymphes du Palais-Royal, par P. Cuisin. *Paris,* 1815, in-12, front., demi-rel. dos et coins de mar. La Vallière, tête dor., *non rogné.*

2° Le Palais-Royal ou les Filles de bonne fortune (par Deterville). *Paris,* 1826, in-12, cart., *non rogné.*

749. Parallèle entre le Marquis de Pombal (1738-1777) et le Baron Haussmann (1853-1869) par Jules Lan. *Paris, Amyot*, 1869, in-8, portr., mar. rouge, dos orné, double rangée de fil., doublures et gardes en moire, tr. dor.

Aux armes de la Ville de Paris, avec ces mots : A Monsieur le Sénateur Baron Haussmann, Préfet de l'Empire.

750. Exposition universelle internationale de 1900 à Paris. *Paris, Imprimerie Nationale*, 1903-1907, 22 vol. gr. in-8, fig. et plans, *brochés*, couv.

Rapports du Jury International, 5 tomes en 7 vol. — Rapport général administratif et technique, par Alf. Picard, 9 vol. dont un de plans. — Le Bilan d'un Siècle (1801-1900), par Alfred Picard, 6 vol.

751. Histoire des Provinces Françaises. *Paris*, etc., 1868-1909 et *s.d.*, 24 vol. et brochures.

Baudot. Les Princesses Yolande et les Ducs de Bar. — A. Bibesco. Delphiniana. — Castanier. Histoire de la Provence dans l'Antiquité, 2 vol. — Dupont. Le Mont Saint-Michel, 2 vol. — Eudel. A travers la Bretagne, ex. sur papier de Chine. — Abbé Huet. Histoire d'Isigny. — Hugo. La France pittoresque. — Landemont. Fêtes Bretonnes. — P. Quentin-Bauchart. Les Chroniques du Château de Compiègne. — Ribard. Histoire Cévenole. — Santai. Le Siège de Lille. — Vallery-Radot. Un Coin de Bourgogne.

Quelques ouvrages avec envois d'auteurs.

752. Beraldi (Henri). Cent ans aux Pyrénées. *Paris*, 1899-1904, 5 vol. in-8, *brochés*, couv.

Tiré à 300 exemplaires.

753. Au Pays d'Alsace. Contes et Récits nationaux publiés sous la direction de Fritz Kieffer. *Strasbourg*, 1906, in-4, fig. en noir et en couleur, cart.

Illustrations de *P. Kaufmann, Fr. Régamey*, etc.

On y joint : Masson-Forestier. Forêt Noire et Alsace, 1903 et Albert Trombert. Souvenirs d'Alsace, 1907, 2 vol. in-18, *brochés*, couv.

Envois d'auteurs.

754. Bonaparte (Prince Roland). Une Excursion en Corse. *Paris*, 1891, in-4, fig. et fac. similés, *broché*, couv.

Non mis dans le commerce.

755. Ouvrages divers sur les Colonies Françaises. *Paris*, 1885-1902 et *s. d.*, 10 vol. in-8 et in-18, cartes et fig., demi-rel. et *brochés*.

P. Azan. Sidi-Brahim. — P. Bonnetain. Au Tonkin. — Du Bosq de Beaumont. Une France oubliée, l'Acadie. — Dubois et Terrier. Les Colonies Françaises. — Hostains d'Ollone. De la Côte d'Ivoire au Soudan et à la Guinée. — E. Lamy. La France du Levant. — Rousset. L'Algérie de 1830 à 1840, 2 vol. — Villiers du Terrage. Les dernières années de la Louisiane française. — Toutée. Dahomé, Niger, Touareg.

La plupart de ces ouvrages avec envois d'auteurs.

756. Mélanges sur l'Histoire de France. *Paris*, 1885-1908 et *s. d.*, 25 vol. in-18, cart. et *brochés*.

Bertin. Etudes sur la Société Française. — D'Avenel. Le Mécanisme de la

Vie moderne : Les Riches depuis sept cents ans ; Les Français de mon temps, etc., 9 vol. — Doumer. Livre de mes fils. — Du Bled. La Société Française, 7 vol. — Legouvé. Nos Filles et nos Fils. — Leygues. L'École et la Vie. — Lefèvre. L'Homme à travers les âges, etc.

Quelques volumes avec envois d'auteurs.

757. Histoire particulière de France sous Louis XV. *Paris*, 1880-1910, 7 vol. in-8 et in-18, cart. et *brochés*.

Coynart. Les Guérin de Tencin. — Delahante. Une Famille de Finance au XVIIIe siècle, 2 vol. — Guillois. La Marquise de Condorcet et le Salon de Madame Helvétius, 2 vol. — Cl. Henry. Correspondance inédite de Condorcet et de Turgot. — P. de Ségur. Le Royaume de la rue Saint-Honoré.

Quelques envois d'auteurs.

758. Annuaire de l'Armée Française pour 1887. *Paris, Berger-Levrault et Cie*, 1887, in-8, chagrin rouge, fil. dorés et à froid, tr. dor.

Exemplaire portant l'ex-libris de Madame la Vsse de Bonnemains, l'amie du général Boulanger.

759. Histoire de l'Italie. *Venise et Paris*, 1874-1905, 7 vol. in-8 et in-18, demi-rel. et *brochés*.

A. Lebey. Essai sur Laurent de Médicis. — Luchaire. Innocent III, 2 vol. — Molmenti. La Vie privée à Venise. — Sar Peladan. Le prochain Conclave. — Rodocanachi. Le Saint-Siège et les Juifs. — Zeller. Les Tribuns et les Révolutions en Italie.

Quelques envois d'auteurs.

760. Lucrèce Borgia, par Ferdinand Gregorovius, traduit par Paul Regnaud. *Paris*, 1876, 2 vol. in-8, front., *brochés*, couv.

On y joint : E. Rodocanachi. Renée de France, duchesse de Ferrare. *Paris*, 1896, in-8, portr., *broché*, couv. Envoi d'auteur et lettre.

761. Rome. Description et Souvenirs par Francis Wey. Ouvrage contenant 346 gravures sur bois dessinées par nos plus célèbres artistes (E. Bayard, Français, J. Lefèvre, C. Nanteuil, A. de Neuville, H. Regnault, etc.) et un plan de Rome. *Paris, Hachette et Cie*, 1872, in-4, fig., demi-rel., *non rogné*, couv.

Premier tirage.

762. Venise. Histoire, Art, Industrie, la Ville, la Vie, par Charles Yriarte. Ouvrage orné de 525 gravures dont 50 tirées hors texte et plusieurs en couleur. *Paris, J. Rothschild*, 1878, in-fol., pl. et fig., demi-rel. dos et coins de veau bleu, ébarbé.

On y joint : Yriarte. La Vie d'un Patricien de Venise au XVIe siècle. *Paris, s. d.* (1883), gr. in-8, pl. et fig., demi-rel.

763. Histoire d'Espagne. *Paris*, 1857-1902, 7 vol. in-8 et in-18, mar., cart. et *brochés*.

J. Guell y Renté. Paralelo entre las Renias Catolicas Dona Isalel I y Dona Isabel II, chagrin rouge, aux armes d'Isabelle II reine d'Espagne. — Mignet. Charles Quint, mar. bleu. — Prescott. Histoire de Ferdinand et d'Isabelle, 2 vol. — Schlumberger. Expédition des Almugavares ou Routiers Catalans en Orient. — G. Syveton. Le Baron de Ripperda, etc.

764. Histoire de la Belgique. *Bruxelles et Paris*, 1890-1905, 3 vol. in-8 et in-18, cart. et *brochés.*

V. Du Bled. Le Prince de Ligne et ses contemporains. — A. Martinet. Léopold Ier et l'Intervention Française en 1831. — L. Van Neck. 1830 illustré. Quelques envois d'auteurs.

765. Histoire de l'Angleterre. *Paris*, 1879-1898, 6 vol. in-18, cart. et *brochés.*

Brada. Notes sur Londres. — A. de Haye. Lettres de lord Beaconsfield à sa sœur. — P. Leroy-Beaulieu. Les Nouvelles Sociétés Anglo-Saxonnes. — Robinet de Cléry. Les Iles Normandes, etc.
Quelques envois d'auteurs.

766. Histoire de l'Allemagne et de l'Autriche. *Paris*, etc., 1870-1904, 16 vol. in-8 et in-18, cart. et *brochés.*

Benoist. Le Prince de Bismarck. — Joran. Choses d'Allemagne. — Lavisse. Trois Empereurs d'Allemagne. — Lemonnier. En Allemagne. — Lopacinski. Charles de Saxe. — Paul-Dubois. Frédéric le Grand. — Simon. L'Empereur Guillaume. — Tardieu. Le Prince de Bulow. — Weiss. Au Pays du Rhin. — Christomanos. Elisabeth de Bavière, Impératrice d'Autriche. — La Ferrière. Les Projets de Mariage de la reine Elisabeth. — Mémoires de la Csse Edling, etc.
Quelques envois d'auteurs et lettres.

767. Matériaux pour servir à l'histoire de Marguerite d'Autriche, Duchesse de Savoie, Régente des Pays-Bas. Par le comte E. de Quinsonas. *Paris, Delaroque frères*, 1860, 3 vol. gr. in-8, front. en couleurs, et fig. en sanguine, demi-rel. veau marbr., dos orné, *non rognés.*

Exemplaire imprimé en rouge sur Papier violet.

768. Histoire de la Russie. *Paris*, 1875-1901, 8 vol. in-4 et in-18, demi-rel., cart. et *brochés.*

Beaunier. Notes sur la Russie. — Leroy-Beaulieu. Etudes russes et européennes. — Notovitch. Livre d'or à la mémoire d'Alexandre III. — Rambaud. Histoire de la Russie. — Vogué. Le Fils de Pierre-le-Grand. — Journal de Marie Bashkirtseff, 2 vol.
Quelques envois d'auteurs et lettres.

769. Histoire de la Grèce au XIXe siècle. *Paris*, etc., 1825-1909, 25 vol. in-8 et in-18, demi-rel., cart. et *brochés.*

Abbott. Greece in evolution. — About. La Grèce contemporaine. — Bogdanovitch. Bataille de Navarin. — Chassiotis. L'Instruction publique chez les Grecs. — Deschamps. La Grèce d'aujourd'hui. — Gomez-Carrillo. La Grèce éternelle. — Grenier. La Grèce en 1863. — Hugonnet. La Grèce nouvelle. — Isambert. L'indépendance grecque et l'Europe. — Moraïtinis. La Grèce telle qu'elle est. — Texier. La Grèce et ses insurrections. — Yemeniz. La Grèce moderne, etc., etc.
Quelques envois et lettres.

770. Histoire de la Grèce au XIXe siècle. *Paris*, 1800-1867, 23 vol. in-8, demi-rel. et cart.

Fabre. Histoire du Siège de Missolonghi. — Cervinus. Insurrection et Régénération de la Grèce, 2 vol. — Mangeart. Souvenirs de la Morée. — Poujade. Chrétiens et Turcs. — Pouqueville. Régénération de la Grèce, 4 vol. — Quinet. Grèce moderne. — Raybaud. Mémoires sur la Grèce, 2 vol. — Soutzo. Révolution grecque. — Papad. Vretos. Mémoires sur le comte J. Capodistrias, 2 vol., etc.

771. Histoire ancienne et moderne de la Turquie. *Leyde et Paris*, 1632-1903, 19 vol. in-8 et in-18, demi-rel., cart. et *brochés*.

Aghassi. Zeïtoun. — Bérard. La Macédoine et la Politique du Sultan, 2 vol. — de Blowitz. Une Course à Constantinople. — Coronelli. Mémoires du royaume de la Morée. — Diehl. Théodora. — Drapeyron. L'Empereur Heraclius. — Dumont. Le Balkan et l'Adriatique. — Fazy. Les Turcs d'aujourd'hui. — Grenier. L'Empire Byzantin, 2 vol. — Abbé Marin. Les Moines de Constantinople. — St-Priest. Malte. — Thouvenel. Trois années de la question d'Orient, etc., etc.

772. Histoire de l'Asie. *St-Pétersbourg, Tours et Paris*, 1869-1910, 7 vol. in-8 et in-18, cart. et *brochés*.

P. Adam. Lettres de Malaisie. — Berard. Révolutions de la Perse. — Gobineau. Histoires des Perses, 2 vol. — N. Ney. En Asie Centrale à la vapeur. — Saint-Yves. A l'assaut de l'Asie. — Guide du grand chemin de fer transsibérien.

Quelques envois d'auteurs et lettres.

773. Histoire de la Chine et du Japon. *Paris*, 1898-1907, 6 vol. in-8 et in-18, *brochés*, couv.

Cte d'Hérisson. Journal d'un interprête en Chine. — D'Ollone. La Chine novatrice et guerrière. — Ricquebourg. La Terre du Dragon. — Bellessort. La Société Japonaise. — Hitomi. Le Japon. — de La Mazelière. Essai sur l'Histoire du Japon.

Plusieurs volumes avec envois d'auteurs.

774. Le Japon. Histoire et civilisation. Par le Mis de La Mazelière. *Paris, Plon*, 1907-1909, 4 vol. in-18, fig., *brochés*, couv.

PAPIER DE HOLLANDE. Envoi d'auteur.

On y joint du même auteur : 1° Essai sur l'Evolution de la Civilisation indienne. *Paris, Plon*, 1903, 2 vol. in-18, fig., *brochés*, couv. Ex. sur PAPIER DE HOLLANDE avec envoi d'auteur.

2° Quelques notes sur l'Histoire de la Chine. *Paris, Plon*, 1901, in-18, fig., *broché*, couv. Envoi d'auteur.

775. Ouvrages sur l'Afrique. *Paris*, 1839-1910, 12 vol. in-8 et in-18, demi-rel., cart. et *brochés*.

Biovès. Français et Anglais en Egypte 1881-1882. — Champollion-Figeac. Egypte ancienne. — Champollion le Jeune. Lettres d'Egypte et de Nubie. — G. Charmes. Cinq mois au Caire. — Marguerite d'Estrées. En Orient. — Ed. Foa. Chasses aux grands Fauves, 2 vol., ex. sur papier de Chine. — Freycinet. La Question d'Egypte. — J. Joubert. En Dahabieh, du Caire aux Cataractes. — F. de Lesseps. Histoire du canal de Suez. — Lubomirski. Côte Barbaresque et le Sahara. — Marcel. Egypte.

Quelques envois d'auteurs et lettres ajoutées.

776. Ouvrages sur l'Amérique. *Trévoux, Paris et New-York*, 1775-1897, 12 vol. in-8 et in-12, fig., reliés et *brochés*.

Diaz del Castillo. Véridique histoire de la conquête de la Nouvelle Espagne, traduite par J. M. de Heredia, 4 vol. — G. de Molinari. Lettres sur les Etats-Unis et le Canada. — Fr. Nolte. Histoire des Etats-Unis d'Amérique, 2 vol. — Oexmelin, Raveneau de Lussan, Ch. Johnson. Histoire des Aventuriers Flibustiers (et des Pirates anglais) qui se sont signalés dans les Indes, 4 vol. — Horace Porter. Campaigning with Grant.

Quelques envois d'auteurs et de traducteur. 3 lettres de J. M. de Heredia, conservées.

777. La Vie privée des Anciens. Texte par René Ménard, dessins d'après les monuments antiques par Cl. Sauvageot. *Paris, Vve Morel et Cie*, 1880-1883, 4 vol. in-8, fig., cart., *non rognés*, couv.

La Famille, les Peuples, le Travail et les Institutions dans l'Antiquité. Nombreuses illustrations.

778. Histoire économique de la Propriété, des Salaires, des Denrées et de tous les prix en général depuis l'an 1200 jusqu'en 1800, par le vicomte G. d'Avenel. *Paris, imprimerie nationale*, 1894-1909, 5 forts vol. gr. in-8, demi-rel., dos orné, *non rognés*, couv.

Ouvrage couronné par l'Académie des Sciences morales et politiques. Envoi autographe de l'auteur. Le tome V est *broché*.

779. Pompe Funebri di tutte le Nationi del Mondo. Raccolte dalle storie sagre et profane, dal Francesco Perucci. *Verona, Fr. Rossi*, 1639, in-4, titre gravé et fig., veau.

Belles illustrations gravées sur cuivre.

780. Histoire des anciennes Institutions de la Grèce. *Leipzig et Paris*, 1819-1878, 12 vol. in-8, demi-rel. et cart.

Fustel de Coulanges. La Cité antique. — Lenormant. La Monnaie dans l'antiquité, 2 vol. — Lerminier. Histoire des législateurs de la Grèce antique, 2 vol. — Paparrigopoulo. Histoire de la civilisation hellénique. — Egger. L'Hellénisme en France, 2 vol. et Traités publics chez les Grecs. — Filon. Démocratie Athénienne, etc.

781. Histoire des anciennes institutions politiques et judiciaires de la Grèce. *Leyde, Paris*, etc., 1645-1891, 22 vol. in-4, in-8 et in-12, mar., veau, cart. et *brochés*.

Aristote. La Politique et l'Économique, Constitution d'Athènes, 2 vol. — Bazin. La République des Lacédémoniens de Xénophon. — Dumont. Essais sur l'Éphébie Attique, 2 vol. — Hauvette-Besnaut. Les Stratèges athéniens. — Laligant. Économie des Athéniens, 2 vol. — Robiou. Institutions de la Grèce et Droit attique. — Thonissen. Le Droit pénal de la République athénienne, etc.

782. Mœurs particulières de la Grèce antique. Femmes, Courtisanes, Jeux, etc. *Paris*, 1803-1872, 15 vol. in-8 et in-12, demi-rel., cart. et *brochés*.

Lallier. La Femme dans la famille athénienne. — Chaussard. Fêtes et Courtisanes de la Grèce, 4 vol., fig. — P. Lacroix. Les Courtisanes de la Grèce. — Deschanel. Les Courtisanes grecques. — Becq de Fouquières. Aspasie de Millet. — Mœurs privées de la Grèce. — Becq de Fouquières. Les jeux des Anciens, etc.

Quelques volumes avec envois d'auteurs et lettres.

783. Histoire de l'Ancienne Rome. Mœurs et usages. *Leyde, Paris, Lyon*, etc., 1581-1722, 10 vol. in-4 et in-12, veau, vélin et demi-rel.

Denys d'Halicarnasse. Antiquitez romaines, 2 vol. — Mœurs et usages des Romains. — Roma illustrata. — Respublica romana. — Antiquitates romanæ. — Fabricius, Kirchmann, Pignorius, etc.

784. Histoire de l'Ancienne Rome. Mœurs et usages. *Berlin et Paris*, 1818-1877, 19 vol. in-4, in-8 et in-12, demi-rel. et cart.

Adam. Antiquités Romaines, 2 vol. — Bader. La Femme Romaine. — Beulé. Le Drame du Vésuve. — B. de Bury. Les Femmes et la Société au temps d'Auguste. — Capefigue. Les Bacchantes. — Cartoux. Histoire des Vestales. — Le Clerc. Les Journaux chez les Romains. — Melville. Les Gladiateurs, 2 vol. — Moncaut. Histoire de l'Amour dans l'Antiquité. — Monnier. Pompéi. — Morel. L'Esprit des Latins. — Naudet. De la Noblesse chez les Romains. — Weiss. De Inquisitione apud Romanos. — Wiese. Commentatio de vitarum scriptoribus romanis, etc.

785. Les Corporations ouvrières à Rome depuis la chute de l'Empire romain par E. Rodocanachi. *Paris, A. Picard et fils*, 1894, 2 vol. in-4, pl., cart., *non rognés*.

Envoi d'auteur et lettres conservées.

786. Lacroix (P.). Mœurs, Usages et Costumes. — Vie militaire et religieuse. — Sciences et Lettres, au Moyen-Age et à l'époque de la Renaissance. Par Paul Lacroix. *Paris, F. Didot frères*, 1869-1877, 4 vol. in-4, fig. en noir et couleur, cart., *non rognés*, couv.

Ornés de 59 chromolithographiques et de 1600 figures.

787. Paul Lacroix. XVIIIe siècle. Institutions, Usages et Costumes. — Lettres, Sciences et Arts. France, 1700-1789, 2 vol. in-4, fig. en noir et en couleur, demi-rel., *non rognés*, couv.

Orné de 37 chromolithographies et de 600 figures. Envoi d'auteur.

788. La Chevalerie par Léon Gautier. Ouvrage auquel l'Académie Française a décerné le grand prix Gobert. Nouvelle édition. *Paris, Sanard et Derangeon*, *s. d.*, gr. in-8, fig., *broché*, couv.

789. Art Héraldique. *Paris*, 1852-1899, 7 vol. in-4, in-8 et in-18, fig., demi-rel.

Guigard. Armorial du Bibliophile, 1870-1873. — Gourdon de Genouillac. Dictionnaire des Ordres de Chevalerie et Grammaire héraldique. — Cohen de Winkenhœf. Cris de Guerre et Devises. — Monde féodal, Costumes vrais 1429-1467. — L. de Magny. Nobiliaire universel de France, etc.

790. Les Mémoires et Histoire de l'origine, invention et autheurs des choses. Faicte en latin, et divisée en huict livres, par Polydore Vergile natif d'Urbin ; et traduicte par François de Belleforest Comingeois. Avec une table très ample. *Paris, Robert le Mangnier*, 1582, in-8, mar. rouge jans. souple, à recouvrements, tr. dor. (*Pierson*.)

A la suite : Suite des Mémoires. . . . composé premièrement en latin par Alexandre Sarde, et traduit nouvellement par Gabriel Chapuis Tourangeau. *Lyon Jean Stratius*, 1584, in-8.

791. Gazette archéologique. Recueil de monuments pour servir à la connaissance et à l'histoire de l'art antique. Publié par J. de Witte et Fr. Lenormant. *Paris, A Lévy*, 1875-1878, 4 part. en 2 vol. gr. in-4, 144 pl. en noir et en couleur, cart., *non rognés*, couv.

792. Monuments Antiques des différents Peuples. *Paris et Bruxelles*, 1804-1882, 8 vol. in-4 et in-8, fig., demi-rel. et cart.

Colonna-Ceccaldi. Monuments antiques de Chypre, de Syrie et d'Egypte. — Quatremère de Quincy. Monuments et Ouvrages d'Art antique. — Encyclopédie méthodique. Recueils d'Antiquités, 3 vol. in-4, nombreuses planches. — Breton. Monuments de tous les peuples, 2 vol. — Petit-Radel. Recherches sur les Monuments cyclopéens.

793. Histoire de l'Art dans l'Antiquité. Par Georges Perrot et Charles Chipiez. *Paris, Hachette et Cie*, 1882-1890, 5 vol. gr. in-8, fig. et pl. en noir et en couleur, cart. toile, *non rognés*, couv.

794. Monuments de l'Art antique, publiés sous la direction de M. Olivier Rayet. *Paris, Quantin*, 1884. 2 vol. in-fol., pl. et fig., cart., *non rognés*.

Notices par A. Cartault, E. Guillaume, G. Maspero, O. Rayet, S. Reinach, etc., sur l'Art Egyptien, les Sculptures grecque et romaine et les Terres cuites. 90 planches de reproductions en héliogravure Dujardin.

795. Archéologie et Monuments de l'Antiquité. *Paris*, 1825-1876, 17 vol. in-8 et in-12, demi-rel., cart. et *brochés*.

Bertrand. Archéologie celtique et gauloise. — Beulé. Fouilles et Découvertes, 2 vol. — Champollion-Figeac. Archéologie, 2 vol. — Lenormant. Beaux-Arts et Voyages, 2 vol. ; Les premières Civilisations, 2 vol. — Letronne. Lettres d'un antiquaire à un artiste. — Muller et Nicard. Manuel d'Archéologie, 3 vol. dont un album. — Perrot. Mémoires d'Archéologie. — Robinson. Antiquités grecques, 2 vol. — Vinet. L'Art et l'Archéologie.

796. Antiquités de la Grèce et de Rome. *Paris*, 1855-1883, 9 vol. in-4, in 8 et in-12, demi-rel. et cart.

Bertrand. Etudes de Mythologie et d'Archéologie grecques. — Beulé. Etudes sur la Péloponèse. — Heuzey. Le Mont Olympe et l'Acarnanie. — Rey. Etude sur les Monuments de l'Architecture militaire des Croisés. — Schliemann. Recherches archéologiques. — Delphes, Chio et Lesbos. — Trawinski. La Vie antique, Grèce et Rome, 2 vol. — A. Rich. Dictionnaire des Antiquités romaines et grecques.

797. Les Ruines des plus beaux Monuments de la Grèce : ouvrage divisé en deux parties, où l'on condidère, dans la première, ces Monuments du côté de l'Histoire ; et dans la seconde, du côté de l'Achitecture. Par M. Le Roy, *Paris, Guerin*, 1758, 2 part. en un vol. in-fol., pl., demi-rel. anc.

Orné de 60 pl. gravées par *Le Bas, de Neufforge, Patte*, etc. d'après *Le Roy*. On y joint : Album de 24 photographies d'Athènes et de monuments grecs, in-fol., demi-rel.

798. Athènes et ses Monuments. *Paris*, 1862-1877, 3 vol. in-8, fig., demi-rel.

Beulé. L'Acropole d'Athèmes. — Breton. Athènes. — Burnouf. La Ville et l'Acropole d'Athènes.

799. Dodone et ses Ruines, par Constantin Carapanos. *Paris*,

Hachette et Cie, 1878, 2 vol. in-4 dont un de 63 pl., cart. toile, *non rognés.*

Billet autographe de l'auteur, relatif à cet ouvrage, ajouté.
On y joint : H. Schliemann. Mycènes. Récit des recherches et découvertes faites à Mycènes et à Thirynthe, avec une préface de M. Gladstone, traduit de l'anglais par Girardin, 1879, gr. in-8, pl. et fig., demi-rel.

800. Antiquités romaines. *Amsterdam, Leyde et Paris.* 1713-1886, 7 vol. in-8 et in-18, demi-rel. veau et cart.

Allard. Rome Souterraine ; L'Art Païen, 2 vol. -- Boissier. Nouvelles Promenades archéologiques. — Kipping. Antiquitates Romanæ. — Lenormant. Monographie de la Voie sacrée éleusinienne, tome 1er. — Mérovir. Le Palais Scaurus. — J. Rosin. Antiquitatum Romanarum.

801. Rodocanachi (E.). Le Capitole Romain antique et moderne. La Citadelle, les Temples, le Palais Sénatorial, le Palais des Conservateurs, le Musée. Ouvrage contenant 74 gravures dans le texte et 6 planches hors texte. *Paris, Hachette et Cie*, 1904, in-4, pl. et fig., *broché,* couv.

Envoi autographe de l'auteur.

802. Martha (Jules). L'Art Etrusque. Illustré de 4 planches en couleurs et de 400 gravures dans le texte. *Paris, F. Didot et Cie*, 1889, gr. in-8, fig., cart., *non rogné,* couv.

803. Antiquités d'Herculanum, ou les plus belles peintures antiques, et les Marbres, Bronzes, Meubles, etc. trouvés dans les excavations d'Herculanum, Stabia et Pompeïa. Gravées par F.A. David, avec leurs explications par P. S. Maréchal. *Paris, David,* 1780, 9 vol. in-4, front. et fig., veau marbr., dos orné, tr. dor.

Orné de frontispices et de près de 700 planches.

804. Pompei et Herculanum. *Napoli et Paris,* 1757-1879, 3 vol. in-4, in-8 et in-12, fig., veau, demi-rel. et cart.

Cochin et Bellicard. Observations sur les Antiquités d'Herculanum, in-12, 42 pl., aux armes du marquis de Lude. — Pompei e la regione sotterrata dal Vesuvio nell' anno 79. — Breton. Pompeia.

805. Antiquités de l'Afrique. *Paris,* 1867-1896, 7 vol. in-8, cart. et *brochés.*

Boissier. L'Afrique romaine. — Fagnan. Œuvres choisies de Letronne, 2 vol. — Frey. Les Egyptiens préhistoriques. — Lenormant. L'Egypte. — Néroustos-Bey. L'Ancienne Alexandrie. — A. M. de Zogheb. Le tombeau d'Alexandre le Grand.

806. Inscriptions anciennes. *Oxonii et Paris,* 1676-1871, 4 vol. in-fol., in-8 et in-18, fig., veau, demi-rel. et *broché.*

H. Prideaux. Marmora Oxoniensia et Arundellianis. — Froener. Les Inscriptions grecques. — Le Blant. Manuel d'Epigraphie chrétienne. — Dumont. Inscriptions céramiques de Grèce.

807. Ouvrages sur la Numismatique. *Lione et Paris*, 1553-1878, 5 vol. in-4 et in-8, fig., cart. et *broché*.

La Chau. Dissertation sur les attributs de Vénus. *Paris*, 1776, in-4, demi-rel., la planche de la *Vénus Anadyomène* avant l'encadrement et la coquille. — Prontuario de la Medaglie de più illustri et fulgenti huomini et donne, 2 part. en un vol. Premier tirage. — Vico. Augustarum Imagines æreis formis expressæ. — Dumersan. Numismatique du voyage du jeune Anacharsis. — Froehner. Médaillons de l'Empire Romain.

808. Jo. Alberti Fabricii Bibliotheca Græca, sive notitia Scriptorum Veterum Græcorum, quorumcunque monumenta integra, aut fragmenta edita exstant. *Hamburgi, Chr. Liebezeit*, 1707-1728, 14 vol. in-4, front. et portr., veau.

On y joint : Photii Myriobiblon, græce edidit D. Hoeschelius latine reddidit Andr. Schottus, 1611, in-fol., demi-rel.

809. Histoire littéraire grecque. *Saumur et Paris*, 1664-1891, 15 vol. in-12, demi-rel. et cart.

Le Fevre. Les Poètes grecs. — Pope. Eloge d'Homère (traduit par Keating). — Chaignet. Vies de Platon, de Socrate. — Deschanel. Etudes sur Aristophane. — M. Egger. Littérature grecque. — Guizot. Menandre. — Lamartine. Homère et Socrate. — Patin. Tragiques grecs, 4 vol., etc.

Quelques ouvrages avec envois d'auteurs et lettres autographes.

810. Histoire littéraire grecque. *Paris, Berlin, Chartres*, etc., 1854-1905, 18 vol. in-4, in-8 et in-12, demi-rel. et *brochés*.

Boullée. Histoire de Demosthène. — Caffiaux. De l'Oraison funèbre dans la Grèce païenne. — Chaignet. Pythagore. — Couat. La Poésie alexandrine. — Egger. La Litterature grecque. Denys d'Halicarnasse. — Faguet. Pour qu'on lise Platon. — Marcellus. Episodes littéraires. — Schœmann. Opuscula academica. — Schwab. Bibliographie d'Aristote. — Mémoires de Littérature (grecque), etc.

811. Histoire de la littérature grecque. *Amsterdam et Paris*, 1826-1886, 12 vol. in-8, demi-rel. et cart.

Croiset. La Poésie de Pindare. — Delorme. Les Hommes d'Homère. — Egger. Mémoires de Littérature ancienne et Histoire de la Critique chez les Grecs. — Gorsse. Sapho. — Grenier. Idées nouvelles sur Homère. — D. d'Halicarnasse. Ecrivains de la Grèce, 3 vol. — Quinet. Vie et Mort du Génie grec, etc.

Lettres autographes ajoutées.

812. Histoire de la littérature grecque moderne. *Paris*, 1877-1881, 5 vol. in-8 et in-18, cart.

Gidel. Littérature grecque moderne. — Juliette Lamber. Poètes grecs contemporains. — Rangabé. Histoire littéraire de la Grèce moderne, 2 vol.

813. Revue des Etudes grecques. Publication trimestrielle de l'Association pour l'encouragement des Etudes grecques. *Paris, E. Leroux*, 1888-1902, 15 vol. in-8, fig., cart., *non rognés*.

On y joint : Annuaire de l'Association pour l'enseignement des Etudes grecques en France. *Paris*, 1868-1887, 19 vol. in-8, cart., *non rognés*.

814. Histoire de la littérature française. *Paris*, 1864-1899, 9 vol. in-8 et in-18, demi-rel., cart. et *brochés*.

Boillin. Le Secret des Grands Ecrivains. — Nisard. Renaissance et Réforme, 2 vol. — G. Paris. Poëmes et Légendes du Moyen-Age. — Staff. La Littérature française, 3 vol.

Quelques volumes avec envois d'auteurs.

815. Histoire et Critique littéraires. *Paris*, 1852-1900 et *s. d.*, 25 vol. in-8 et in-18, demi-rel., cart. et *brochés*.

P. Acker. Petites Confessions, 2 vol. — Ageorges. Portraits littéraires. — Aubryet. Les Jugements nouveaux ; Chez nous et chez nos voisins, 2 vol. — Chevassu. Visages. — Delafosse. Etudes et Portraits et Figures contemporaines, 2 vol. — M. Du Camp. Souvenirs littéraires, 2 vol. — Gandar. Lettres et Souvenirs d'Enseignement, 2 vol. — Cte d'Haussonville. Varia. — Hallays. En Flânant. — Larroumet. Petits Portraits. — Mignet. Notices historiques, 2 vol. — H. Roujon. La Galerie des Bustes. — S. de Sacy. Variétés littéraires, 2 vol. — Vacquerie. Profils et Grimaces, etc.

Quelques envois d'auteurs.

816. Histoire littéraire. *La Haye et Paris*, 1721-1898, 20 vol. in-18 et in-12, veau, demi-rel. et cart.

Ouvrages divers de J. Claretie, Desplaces, Desprez, Fournier, Joubert, Ginisty, d'Haussonville, Legouvé, Pontmartin, Sorel, Zola, etc.

817. Histoire littéraire. *La Haye et Paris*, 1862-1909, 25 vol. in-8 et in-18, *brochés*.

Ouvrages divers de H. Bordeaux, Déroulède, Mme Daudet, Deschanel, Funck-Brentano, R. de Gourmont, Legouvé, Séché, Sorie, Nogué, etc.

Quelques envois d'auteurs.

818. Biographies et Etudes littéraires. *Paris*, *Amsterdam*, etc., 1759-1906, 30 vol. in-8 et in-18, demi-rel., cart. et *brochés*.

Etudes diverses sur J. Barbey d'Aurevilly, Ch. Baudelaire, Chateaubriand, Corneille, les Trois Dumas, Diderot, Flaubert, Gresset, Laclos, Lamartine, Leconte de Lisle, Mérimée, Musset, Pascal, Prévost, J. J. Rousseau, Sévigné, Stendhal, Verlaine, Villon, etc.

Quelques envois d'auteurs.

819. Histoire littéraire étrangère. *Paris*, 1863-1907, 14 vol. in-8 et in-18, demi-rel., cart. et *brochés*.

Ampère. La Grèce, Rome et Dante. — Cherbuliez. Profils étrangers. — Deltuf. Œuvres de Machiavel. — Dornis. La poésie italienne contemporaine. — Duval. La Vie véridique de W. Shakespeare. — Gauthiez. L'Arétin. — Jusserand. Shakespeare en France. — Macaulay. Histoire et Littérature. — Marchand. Les Poètes lyriques de l'Autriche. — Nolhac. Pétrarque et l'humanisme. — Vogué. Le Roman russe, etc.

Quelques volumes avec envois d'auteurs et lettres.

820. Relation contenant l'Histoire de l'Académie Françoise (par P. Pellisson-Fontanier). *Paris*, *P. Le Petit*, 1653, in-8, vélin.

Édition originale. Ex-libris de P. de Saint-Victor.

821. Registres, Statuts et Lois de l'Académie Française. *Paris*, 1888-1906, 6 vol. in-8, demi-rel. et cart.

Registres de l'Académie Françoise 1672-1793. Avec appendice et table analytique, 4 vol. — L. Aucoc. Lois, Statuts et Règlements concernant les anciennes Académies et l'Institut de 1635 à 1889. — A. Rouxel. Chronique des Elections à l'Académie française (1634-1870).

822. Fauteuils de l'Académie Française par Fr. Vedrenne. Etudes biographiques et littéraires. *Paris, Blond et Barral, s. d.*, 4 vol. in-8, portr., cart., *non rognés*, couv.

On y joint : V. Jeanroy-Félix. Fauteuils contemporains de l'Académie Française. Etudes littéraires. *Paris, s. d.*, 2 vol. in-8, cart., *non rognés*, couv.

823. Académie Française. *Paris*, 1865-1910, 20 vol. in-4 et in-18, cart. et *brochés*.

Institut de France. Divers Annuaires, 1897-1910. — Boissier. L'Académie Française sous l'Ancien régime. — Bonnet. Isographie de l'Académie Française. — Comte d'Haussonville. A l'Académie Française et autour de l'Académie. — A. Houssaye. Histoire du 41e fauteuil. — J. Janin. Discours de réception à la porte de l'Académie Française. — J. Martin. Nos Académiciens. — St-Evremond. La Comédie des Académiciens.

824. Discours académiques. *Paris*, 1858-1910, 70 vol. et brochures in-4, in-8 et in-12.

Discours de réception de MM. le Comte A. de Mun, Halévy, Fr. Charmes, E. Rostand, Fr. Masson, Em. Faguet, P. Hervieu, J. M. de Heredia, V. Sardou, Berthelot, Poincarré, H. Houssaye, J. Lemaître, marquis de Vogüé, R. Bazin, etc., etc. — Inaugurations, notices, centenaires, etc. — Les Prix de Vertu fondés par M. de Montyon, 2 vol. — Janssen. Lectures académiques, discours.

825. L'Académie Française et Supplément. Eaux-Fortes par Robert Kastor. *Paris, Librairies-Imprimeries réunies, s. d.* (*vers* 1898), in-4, cart., *non rogné*.

49 portraits gravés accompagnés de fac-similés d'autographes et signatures. Le supplément porte un envoi autographe du dessinateur.
On y joint : Photo-Biographie des Contemporains et un Album de photographies diverses d'auteurs.

826. Dictionnaire historique et critique, par M. P. Bayle. Quatrième édition, revue, corrigée, et augmentée avec la vie de l'auteur, par M. des Maizeaux. *Amsterdam, P. Brunel*, 1730, 4 vol. in-fol., vign., veau.

Édition estimée.

827. Biographies. *Paris*, etc., 1835-1896, 15 vol. in-4 et in-8, cart. et *brochés*.

Biographie des Hommes du Jour, 6 vol. — Dictionnaire national des Contemporains, 2 vol. — Revue biographique, 2 vol. — Jal. Dictionnaire de Biographie et d'Histoire. — Vapereau. Dictionnaire des Contemporains, etc.

828. Biographies. *Paris*, 1886-1900, 4 vol. in-8, portr., cart. et *brochés*.

A. Bailly. Notice sur Em. Egger. — R. Vallery-Radot. La Vie de Pasteur. — H. des Houx. Histoire de Léon XIII (Joachim Pecci, 1810-1878). — G. Michel. Léon Say.
Quelques envois d'auteurs.

829. Dictionnaire de la Conversation et de la Lecture. Inventaire raisonné des notions générales les plus indispensables à tous, par une Société de savants et de gens de lettres sous la direction

de M. W. Duckett. Seconde édition entièrement refondue, corrigée et augmentée. *Paris, F. Didot frères*. 1864-1865, 16 vol. gr. in-8, demi-rel. veau fauve, dos orné.

830. Revue du XIXe siècle. Les Lettres, les Arts, la Philosophie, Romans et Voyages. *Paris*, 1866-1867, 4 vol. in-8, portr., demi-rel. chagrin rouge, *non rognés*.

Nombreux articles par A. Houssaye, Th. Gautier, G. Sand, Em. de Girardin, Th. de Banville, Ch. Baudelaire, J. Janin, J. Claretie, etc., etc.

831. Bibliographie. *Paris*, 1841-1906, 11 vol. in-8 et in-12, reliés et *brochés*.

Ashbee. A Bibliography of Tunisia, 1889. — Boot. Notice sur les Manuscrits trouvés à Herculanum, 1841. — A. Cim. Une Bibliothèque, Le Livre, les Vols célèbres de livres, 1902-1906. — H. Harrisse. Manon Lescaut, 1875. — H. Houssaye. L'Amour des Livres et la Folie du Livre. — J. Janin. Le Livre, 1870. — Nisard. Histoire des Livres populaires, 1864. — Tenant de La Tour. Mémoires d'un bibliophile, 1861, ex. sur papier jonquille. — Tourneux. Prosper Mérimée, 1879. — Uzanne. Nos Amis les Livres, 1886 et les Zigzags d'un curieux, 1888.

Quelques volumes avec envois d'auteurs.

832. La Bibliothèque de l'Amateur. Guide sommaire à travers les Livres anciens les plus estimés et les principaux ouvrages modernes. Par Edouard Rahir. *Paris, Ed. Rahir*, 1907, in-8, fac-similés, *broché*, couv.

Envoi d'auteur.

833. Bibliographie hellénique ou description raisonnée des ouvrages publiés par des grecs aux XVe et XVIe siècles par Emile Legrand. *Paris, E. Leroux*, 1885, 2 vol. gr. in-8, portr. et fac similés, demi-rel. veau fauve, dos orné à la grotesque, *non rognés*, couv.

Exemplaire imprimé sur Papier de Hollande.
Envoi et lettre autographe.

834. Manuel de l'Amateur de Livres du XIXe siècle, 1801-1893. Par Georges Vicaire. Préface de Maurice Tourneux. *Paris, A. Rouquette*, 1894-1908, fascicules 1-19, in-8, *brochés*, couv.

835. Cohen (Henry). Guide de l'Amateur de Livres à gravures du XVIIIe siècle. Cinquième édition, revue, corrigée et considérablement augmentée par le baron Roger Portalis. *Paris, P. Rouquette*, 1886, in-8, demi-rel., *non rogné*, couv.

Papier de Hollande. Rare. Lettre de M. le baron Portalis, ajoutée.
On y joint : Ashbee. An Iconography of Don Quixote, 1605-1895. *London*, 1895, in-4, portr. et fig., *broché*. Papier du Japon. Envoi d'auteur.

836. Les Femmes Bibliophiles de France (XVIe, XVIIe et XVIIIe siècles) par Ernest Quentin-Bauchart. *Paris, D. Morgand*, 1886, 2 vol. gr. in-8, pl. de reliures et armoiries, cart., *non rognés*, couv.

Papier de Hollande. Envoi d'auteur.

837. Bernard de Requeleyne, baron de Longepierre (1659-1721) par le Baron Roger Portalis. Avant-propos par M. Stéphen Liégeard. *Paris, Leclerc*, 1905, in-8, portr., *broché*.

Papier de Hollande. Envoi autographe de l'auteur et lettre du même, ajoutée.

838. Annuaires de la Société des Amis des Livres. *Paris, imprimé pour les Amis des Livres*, 1880-1909, 29 vol. pet. in-8, portr. et fig., cart. et *brochés*.

Un certain nombre d'articles sont l'œuvre de M. Henry Houssaye.

839. Chantilly. Le Cabinet des Livres. Manuscrits (avec l'errata), Imprimés antérieurs au milieu du XVIe siècle. — Notice des Peintures : Ecole française, Ecoles étrangères, les Quarante Fouquet. — Les Portraits de Carmontelle. *Paris, Plon-Nourrit et Cie*, 1900-1909, 7 vol. in-4, fig. et portr., *brochés*, couv.

Catalogues des Collections des Manuscrits, Imprimés et Peintures du Musée Condé, par le duc d'Aumale, L. Delisle, F. A. Gruyer, G. Macon, etc. Nombreuses reproductions de Miniatures, Peintures, et Portraits.

840. Catalogue des Livres composant la bibliothèque de feu M. le baron James de Rothschild (rédigé par M. Emile Picot). *Paris, D. Morgand*, 1884-1893, 3 vol. in-8, portr. et fac-similés, *brochés*, couv.

Grand Papier de Hollande.

841. H. Beraldi. Bibliothèque d'un Bibliophile (Eug. Paillet). 1865-1885. *Lille*, 1885, pet. in-8, portr., demi-rel. veau, dos orné à la grotesque, *non rogné*, couv.

Tiré à 200 exemplaires. Envoi d'auteur. Lettre autographe de E. Paillet, ajoutée.

On y joint : 1° H. Beraldi. Mes Estampes, 1872-1884. *Lille*, 1884, pet. in-8, *broché*, couv. Première édition tirée à 50 exemplaires. Envoi d'auteur.

2° Catalogue des Livres de la bibliothèque de Eug. Paillet, 1887. — La Bibliothèque de feu M. Eug. Paillet, ex. sur papier de Hollande, 1902. Ens. 3 part. en 2 vol. pet. in-8, demi-rel. veau fauve, *non rognés*, couv.

842. H. Beraldi. Estampes et Livres, 1872-1892. *Paris, L. Conquet*, 1892, in-8, front. et pl. de reliures en noir et en couleur, demi-rel. mar. rouge, *non rogné*, couv. (*Lemardeley*.)

Nombreuses reproductions de reliures en noir et en couleur.
Envoi et lettre ajoutée.

843. Catalogue des Livres rares et précieux, manuscrits et imprimés, composant la bibliothèque de feu M. le Baron S. de La Roche-Lacarelle. *Paris, Porquet*, 1888, in-4, portr. et fig. en noir et en couleur, cart., *non rogné*.

Nombreux fac-similés et planches de reliures.
Exemplaire imprimé sur Grand Papier de Hollande, avec tables et prix d'adjudication.

844. Catalogue de beaux livres rares et précieux anciens et

modernes ayant appartenu à M. E. Daguin. *Paris, Durel,* 1904-1905, 4 part. en un vol. gr. in-8, portr. et fig., cart., *non rognés.*

Avec de nombreux fac-similés et planches de reliures.

845. Catalogues de Ventes de Bibliothèques célèbres. *Paris,* 1844-1898, 20 vol. in-8, demi-rel. et cart.

Catalogues Pce Camerata, 1853 ; — A. Bertin, 1854 ; — J. Ch. Brunet, 1868 ; — Ph. Burty, 1891 ; — Capé, 1868 ; — Monselet et Asselineau, 1871-1875 ; — Ch. Nodier, 1844 ; A. Giraudeau, 1898 ; — des Goncourt, 1897 ; — Guizot, 1875 ; — Guy Pellion, 1882 ; — J. Janin, 1877 ; — L. de Montgermont, 1876 ; — baron de M***, 1879 ; — J. Noilly, 1886 ; — baron J. Pichon, 1897 ; — Mlle Rachel, 1858 ; — Silvestre de Sacy, 1879 ; — F. Solar, 1860 ; — Quentin-Bauchart, 1877-1881.

Quelques-uns avec prix d'adjudication.

846. Catalogues de Ventes de Bibliothèques diverses et de Libraires. *Paris,* 1870-1910, 28 vol. in-8 et in-12, *brochés.*

Aglaüs Bouvenne, 1891. — Champfleury, 1890. — Conquet, 1898. — Ch. Cousin, 1895. — baron Double, 1890. — A. Firmin-Didot, 1879-1884. — Cte de Lignerolles, 1894-1895. — Rochebilière, 1882. — Taylor, 1893. — O. Uzanne, 1894, etc., etc.

847. Lettres Autographes composant la collection de M. Alfred Bovet, décrites par Etienne Charavay. Ouvrage imprimé sous la direction de Fernand Calmettes. *Paris, Charavay,* 1885, in-4, fac-similés, cart., *non rogné.*

On y joint : 1° Catalogue des lettres autographes composant la collection de feu M. Alfred Sensier. *Paris,* 1878, in-4, fac.-similés, cart.

2° Une fabrique de faux autographes ou récit de l'affaire Vrain Lucas, par H. Bordier et E. Mabille. *Paris,* 1870, in-4, fac-similés, *broché.*

3° L'Autographe, évènements de 1870-1871, introduction par J. Janin.

4° Fac-similés d'autographes de personnages divers.

TABLE DES DIVISIONS

LILLE, IMPRIMERIE L. DANEL

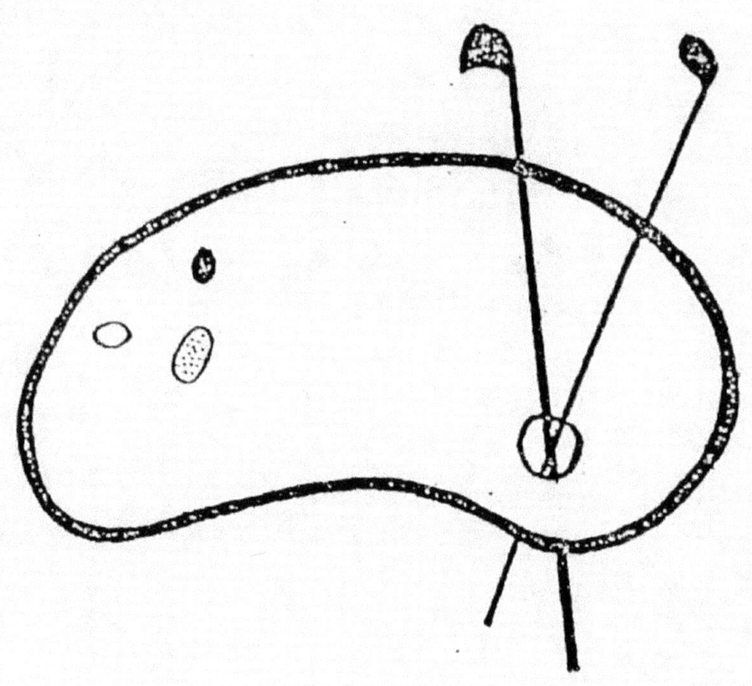

RED. :

21

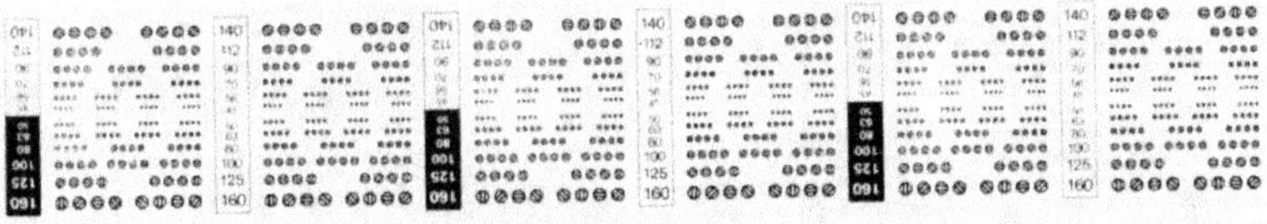

MIRE ISO N° 1
NF Z 43-007
AFNOR
Cedex 7 - 92080 PARIS LA DEFENSE

graphicom

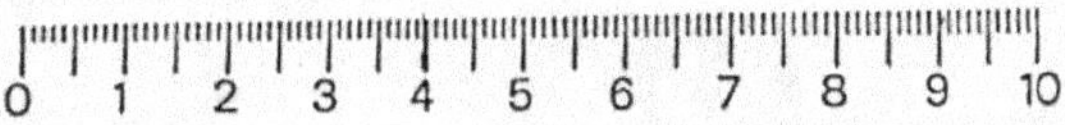

www.ingramcontent.com/pod-product-compliance
Lightning Source LLC
LaVergne TN
LVHW020627110826
845149LV00004B/1079